Illustrator CS6
标准培训教程

数字艺术教育研究室 编著

人民邮电出版社

北京

图书在版编目（CIP）数据

Illustrator CS6标准培训教程 / 数字艺术教育研究
室编著. -- 北京：人民邮电出版社，2018.10（2020.8重印）
ISBN 978-7-115-49108-4

Ⅰ．①I… Ⅱ．①数… Ⅲ．①图形软件—教材 Ⅳ.
①TP391.412

中国版本图书馆CIP数据核字(2018)第192235号

内 容 提 要

本书全面系统地介绍 Illustrator 的基本操作方法和矢量图形制作技巧，内容包括初识 Illustrator CS6、图形的绘制和编辑、路径的绘制与编辑、图像对象的组织、颜色填充与描边、文本的编辑、图表的编辑、图层和蒙版的使用、使用混合与封套效果、效果的使用以及商业案例实训等。

本书内容均以课堂案例为主线，通过对各案例实际操作的讲解，使读者可以快速上手，熟悉软件功能和艺术设计思路。书中的软件功能解析部分，可以使读者深入学习软件功能；课堂练习和课后习题，可以拓展读者的实际应用能力，提高读者的软件使用技巧；商业案例实训，可以帮助读者快速掌握商业图形的设计理念和设计元素，顺利达到实战水平。

本书附带学习资源，内容包括书中所有案例的素材及效果文件，读者可通过在线下载的方式获取这些资源，具体方法请参看本书前言。

本书适合作为相关院校和培训机构数字媒体艺术类专业 Illustrator 课程的教材，也可作为相关人士的参考用书。

◆ 编　　著　数字艺术教育研究室
　　责任编辑　张丹丹
　　责任印制　陈　犇

◆ 人民邮电出版社出版发行　　北京市丰台区成寿寺路 11 号
　　邮编　100164　　电子邮件　315@ptpress.com.cn
　　网址　http://www.ptpress.com.cn
　　固安县铭成印刷有限公司印刷

◆ 开本：700×1000　1/16
　　印张：16
　　字数：374 千字　　　　　　　　　2018 年 10 月第 1 版
　　印数：3 601 — 4 100 册　　　　　2020 年 8 月河北第 3 次印刷

定价：59.80 元
读者服务热线：(010)81055410　印装质量热线：(010)81055316
反盗版热线：(010)81055315
广告经营许可证：京东市监广登字20170147号

前　言

  Illustrator是由Adobe公司开发的矢量图形处理和编辑软件，它功能强大、易学易用，深受图形图像处理爱好者和平面设计人员的喜爱，已经成为这一领域非常流行的软件。目前，我国很多院校和培训机构的数字媒体艺术类专业，都将Illustrator列为一门重要的专业课程。为了帮助相关院校和培训机构的教师全面、系统地讲授这门课程，使读者能够熟练地使用Illustrator进行设计创意，几位长期在相关院校和培训机构从事Illustrator教学的教师与专业平面设计公司经验丰富的设计师合作，共同编写了本书。

  我们对本书的编写体系做了精心的设计，按照"课堂案例－软件功能解析－课堂练习－课后习题"这一思路进行编排，力求通过课堂案例演练，使读者快速熟悉软件功能和艺术设计思路；通过软件功能解析，使读者深入学习软件的功能和制作特色；通过课堂练习和课后习题，拓展读者的实际应用能力。在内容编写方面，我们力求细致全面、突出重点；在文字叙述方面，我们注意言简意赅、通俗易懂；在案例选取方面，我们强调案例的针对性和实用性。

  本书附带学习资源，内容包括书中所有案例的素材及效果文件。读者在学完本书内容以后，可以调用这些资源进行深入练习。这些学习资源文件均可在线获取，扫描"资源获取"二维码，关注我们的微信公众号，即可得到资源文件获取方式。另外，购买本书作为授课教材的教师也可以通过该方式获得教师专享资源，其中包括教学大纲、教案、PPT课件，以及课堂案例、课堂练习和课后习题的教学视频等相关教学资源包。如需资源获取技术支持，请致函szys@ptpress.com.cn。同时，读者可以扫描"在线视频"二维码观看本书所有案例视频。本书的参考学时为60学时，其中实训环节为26学时，各章的参考学时请参见下面的学时分配表。

资源获取

在线视频

章　序	课程内容	学时分配	
		讲　授	实　训
第1章	初识Illustrator CS6	1	
第2章	图形的绘制和编辑	3	2
第3章	路径的绘制与编辑	4	3
第4章	图像对象的组织	2	1
第5章	颜色填充与描边	4	3
第6章	文本的编辑	4	3

章　序	课程内容	学时分配	
		讲　授	实　训
第7章	图表的编辑	2	2
第8章	图层和蒙版的使用	3	2
第9章	使用混合与封套效果	2	2
第10章	效果的使用	4	3
第11章	商业案例实训	5	5
学 时 总 计		34	26

由于时间仓促，编者水平有限，书中难免存在错误和不妥之处，敬请广大读者批评指正。

编　者

2018年8月

目　录

第 *1* 章

初识Illustrator CS6

本章介绍

　　本章将介绍Illustrator CS6的工作界面，以及矢量图和位图的概念。此外，还将介绍文件的基本操作和图像的显示效果等。通过对本章内容的学习，读者可以掌握Illustrator CS6的基本功能，为进一步学习Illustrator CS6打下坚实的基础。

学习目标

◆ 认识Illustrator CS6的工作界面。

◆ 了解矢量图和位图的区别。

◆ 熟练掌握文件的基本操作方法。

◆ 掌握显示图像效果的操作技巧。

◆ 掌握标尺、参考线和网格的使用方法。

技能目标

◆ 熟练掌握文件的新建、打开、保存和关闭方法。

◆ 熟练掌握图像显示效果的操作方法。

◆ 熟练掌握标尺、参考线和网格的应用。

1.1 ▶ Illustrator CS6工作界面介绍

Illustrator CS6的工作界面主要由菜单栏、标题栏、工具属性栏、工具箱、控制面板、页面区域、滚动条及状态栏等部分组成，如图1-1所示。

图1-1

菜单栏：包括Illustrator CS6中所有的操作命令，主要有9个主菜单，每一个菜单又包括各自的子菜单，选择这些命令可以完成基本操作。

标题栏：标题栏左侧是当前运行程序的名称，右侧是控制窗口的按钮。

工具属性栏：当选择工具箱中的一个工具后，会在Illustrator CS6的工作界面中出现该工具的属性栏。

工具箱：包括Illustrator CS6中所有的工具，大部分工具还有展开式工具栏，其中包括与该工具功能相类似的工具，可以更方便、快捷地进行绘图与编辑。

控制面板：使用控制面板可以快速调出许多设置数值和调节功能的面板，它是Illustrator CS6中非常重要的组件。控制面板是可以折叠的，可根据需要分离或组合，非常灵活。

页面区域：指在工作界面的中间以黑色实线表示的矩形区域，这个区域的大小就是用户设置的页面大小。

滚动条：当屏幕内不能完全显示出整个文档的时候，拖曳滚动条可以实现对整个文档的浏览。

状态栏：显示当前文档视图的显示比例，当前正使用的工具、时间和日期等信息。

1.1.1 菜单栏及其快捷方式

熟练地使用菜单栏能够快速有效地绘制和编辑图像，达到事半功倍的效果，下面详细讲解菜单栏。

Illustrator CS6中的菜单栏包含"文件""编辑""对象""文字""选择""效果""视图""窗口""帮助"共9个菜单，如图1-2所示。每个菜单里又包含相应的子菜单。

文件(F) 编辑(E) 对象(O) 文字(T) 选择(S) 效果(C) 视图(V) 窗口(W) 帮助(H)

图1-2

每个下拉菜单的左边是命令的名称，经常使用的命令右边是该命令的组合键。要执行该命令，可以直接按键盘上的组合键，这样可以提高操作速度。例如，"选择 > 全部"命令的组合键为Ctrl+A。

有些命令的右边有一个黑色的三角形▶，表示该命令还有相应的子菜单，用鼠标单击三角形▶，即可弹出其子菜单。有些命令的后面有省略号…，表示用鼠标单击该命令可以弹出相应对话框，在对话框中可进行更详尽的设置。有些命令呈灰色，表示该命令在当前状态下为不可用，需要选中相应的对象或在合适的设置时，该命令才会变为黑色，呈可用状态。

1.1.2 工具箱

Illustrator CS6的工具箱内包括大量具有强大功能的工具，这些工具可以使用户在绘制和编辑图像的过程中制作出更加精彩的效果。工具箱如图1-3所示。

图1-3

工具箱中部分工具按钮的右下角带有一个黑色三角形，表示该工具还有展开工具组，用鼠标按住该工具不放，即可弹出展开工具组。例如，用鼠标按住"文字"工具T，将展开文字工具组，如图1-4所示。用鼠标单击文字工具组右边的黑色三角形，如图1-5所示，文字工具组就会从工具箱中分离出来，成为一个相对独立的工具栏，如图1-6所示。

图1-4   图1-5

图1-6

下面分别介绍各个展开式工具组。

直接选择工具组：包括2个工具，即直接选择工具和编组选择工具，如图1-7所示。

钢笔工具组：包括4个工具，即钢笔工具、添加锚点工具、删除锚点工具和转换锚点工具，如图1-8所示。

文字工具组：包括6个工具，即文字工具、区域文字工具、路径文字工具、直排文字工具、

直排区域文字工具和直排路径文字工具，如图1-9所示。

图1-7   图1-8

图1-9

直线段工具组：包括5个工具，即直线段工具、弧形工具、螺旋线工具、矩形网格工具和极坐标网格工具，如图1-10所示。

矩形工具组：包括6个工具，即矩形工具、圆角矩形工具、椭圆工具、多边形工具、星形工具和光晕工具，如图1-11所示。

图1-10   图1-11

铅笔工具组：包括3个工具，即铅笔工具、平滑工具和路径橡皮擦工具，如图1-12所示。

橡皮擦工具组：包括3个工具，即橡皮擦工具、剪刀工具和刻刀，如图1-13所示。

图1-12   图1-13

旋转工具组：包括2个工具，即旋转工具和镜像工具，如图1-14所示。

比例缩放工具组：包括3个工具，即比例缩放工具、倾斜工具和整形工具，如图1-15所示。

图1-14   图1-15

宽度工具组：包括8个工具，即宽度工具、变形工具、旋转扭曲工具、缩拢工具、膨胀工具、扇贝工具、晶格化工具和皱褶工具，如图1-16所示。

图1-16

形状生成器工具组：包括3个工具，即形状生成器工具、实时上色工具和实时上色选择工具，如图1-17所示。

透视网格工具组：包括2个工具，即透视网格工具和透视选区工具，如图1-18所示。

吸管工具组：包括2个工具，即吸管工具和度量工具，如图1-19所示。

图1-17

图1-18   图1-19

符号喷枪工具组：包括8个工具，即符号喷枪工具、符号移位器工具、符号紧缩器工具、符号缩放器工具、符号旋转器工具、符号着色器工具、符号滤色器工具和符号样式器工具，如图1-20所示。

柱形图工具组：包括9个工具，即柱形图工具、堆积柱形图工具、条形图工具、堆积条形图工具、折线图工具、面积图工具、散点图工具、饼图工具和雷达图工具，如图1-21所示。

切片工具组：包括2个工具，即切片工具和切片选择工具，如图1-22所示。

抓手工具组：包括2个工具，即抓手工具和打印拼贴工具，如图1-23所示。

图1-20   图1-21

图1-22   图1-23

1.1.3　工具属性栏

Illustrator CS6的工具属性栏可以快捷应用与所选对象相关的选项，它根据所选工具和对象的不同来显示不同的选项，包括画笔、描边和样式等多个控制面板的功能。选择路径对象的锚点后，工具属性栏如图1-24所示。选择"文字"工具T后，工具属性栏如图1-25所示。

图1-24

图1-25

1.1.4　控制面板

Illustrator CS6的控制面板位于工作界面的右侧，它包括许多实用、快捷的工具和命令。随着Illustrator CS6功能的不断增强，控制面板也相应

地不断改进，为用户绘制和编辑图像带来了更便捷的体验。控制面板以组的形式出现，图1-26所示是其中的一组控制面板。

用鼠标左键选中并按住"色板"控制面板的

标题不放，如图1-27所示，向页面中拖曳，如图1-28所示。拖曳到控制面板组外时，释放鼠标左键，将形成独立的控制面板，如图1-29所示。

图1-26

图1-27

图1-28

用鼠标单击控制面板右上角的折叠为图标按钮 <<< 和展开按钮 >> 来折叠或展开控制面板，效果如图1-30所示。用鼠标单击控制面板右下角的图标 ，并按住鼠标左键不放，拖曳鼠标可放大

图1-29

或缩小控制面板。

图1-30

绘制图形图像时，经常需要选择不同的选项和数值，可以通过控制面板直接操作。选择"窗口"菜单中的各个命令可以显示或隐藏控制面板。这样可省去反复选择命令或关闭窗口的麻烦。控制面板为设置数值和修改命令提供了一个方便快捷的平台，使软件的交互性更强。

1.1.5 状态栏

状态栏在工作界面的最下面，包括4个部分。第1部分的百分比表示当前文档的显示比例；第2部分是画板导航，可在画板间切换；第3部分显示当前使用的工具，当前的日期、时间，文件操作的还原次数以及文档配置文件等；第4部分是右侧滚动条，当绘制的图像过大不能完全显示时，可以通过拖曳滚动条浏览整个图像，如图1-31所示。

| 1 | ▼ ▶ ▶▶ | 直接选择 | ▶ ◀ | |

图1-31

1.2 矢量图和位图

在计算机应用系统中，大致会应用两种图像，即位图图像与矢量图形。在Illustrator CS6中，不但可以制作出各式各样的矢量图形，还可以导入位图图像进行编辑。

位图图像也叫点阵图像，如图1-32所示，它是由许多单独的点组成的，这些点又称为像素点，每个像素点都有特定的位置和颜色值。位图图像的显示效果与像素点是紧密联系在一起的，不同排列和着色的像素点在一起组成了一幅色彩丰富的图像。像素点越多，图像的分辨率越高，

相应地，图像的文件量也会随之增大。

Illustrator CS6可以对位图进行编辑，除了可以使用变形工具对位图进行变形处理外，还可以通过复制工具，在画面上复制出相同的位图，制作更完美的作品。位图图像的优点是制作的图像色彩丰富。不足之处是文件量太大，而且在放大图像时会

失真，图像边缘会出现锯齿，模糊不清。

矢量图形也叫向量图形，如图1-33所示，它是一种基于数学方法的绘图方式。矢量图图像中的各种图形元素被称为对象，每一个对象都是独立的个体，都具有大小、颜色、形状和轮廓等特性。在移动和改变它们的属性时，可以保持对象原有的清晰度和弯曲度。矢量图图形是由一条条的直线或曲线构成的，在填充颜色时，会按照指定的颜色沿曲线的轮廓边缘进行着色。

矢量图图像的优点是文件量较小，矢量图图像的显示效果与分辨率无关，因此缩放图形时，对象会保持原有的清晰度及弯曲度，颜色和外观形状也都不会发生任何偏差和变形，不会产生失真的现象。不足之处是矢量图图像不易制作色调丰富的图像，绘制出来的图形无法像位图图像那样精确地描绘各种绚丽的景象。

图1-32

图1-33

1.3 文件的基本操作

在开始设计和制作平面设计作品前，需要掌握一些基本的文件操作方法。下面将介绍新建、打开、保存和关闭文件的基本方法。

1.3.1 新建文件

选择"文件>新建"命令（组合键为Ctrl+N），弹出"新建文档"对话框，如图1-34所示。设置相应的选项后，单击"确定"按钮，即可建立一个新的文档。

图1-34

"名称"选项：可以在选项中输入新建文件的名称，默认状态下为"未标题-1"。

"配置文件"选项：可以选择不同的配置文件。

"画板数量"选项：可以设置页面中画板的数量。当数量为多页时，右侧的按钮和下方的"间距""列数"选项显示为可编辑状态。

按钮：可以设置画板的排列方法及排列方向。

"间距"选项：可以设置画板的间距。

"列数"选项：用于设置画板的列数。

"大小"选项：可以在下拉列表中选择系统预先设置的文件尺寸，也可以在下方的"宽度"和"高度"选项中自定义文件尺寸。

"宽度"和"高度"选项：用于设置文件的宽度和高度的数值。

"单位"选项：设置文件所采用的单位，默认状态下为"毫米"。

"取向"选项：用于设置新建页面竖向或横向排列。

"出血"选项：用于设置页面的出血值。默认状态下，右侧为锁定状态 🔒，可同时设置出血值。单击右侧的按钮，使其处于解锁状态 ⊡，可单独设置出血值。

"颜色模式"选项：用于设置新建文件的颜色模式。

"栅格效果"选项：用于设置文件的栅格效果。

"预览模式"选项：用于设置文件的预览模式。

模板(T)... 按钮：单击弹出"从模板新建"对话框，可选择需要的模板来新建文件。

1.3.2 打开文件

选择"文件>打开"命令（组合键为Ctrl+O），弹出"打开"对话框，如图1-35所示。在"查找范围"选项框中选择要打开的文件，单击"打开"按钮，即可打开选择的文件。

图 1-35

1.3.3 保存文件

当用户第1次保存文件时，选择"文件 > 存储"命令（组合键为Ctrl+S），弹出"存储为"对话框，如图1-36所示，在对话框中输入要保存文件的名称，设置保存文件的路径、类型。设置完成后，单击"保存"按钮，即可保存文件。

图1-36

当用户对图形文件进行了各种编辑操作并保存后，再选择"存储"命令时，将不弹出"存储为"对话框，计算机直接保留最终确认的结果，并覆盖原文件。因此，在未确定要放弃原始文件之前，应慎用此命令。

若既要保留修改过的文件，又不想放弃原文件，则可以用"存储为"命令。选择"文件 > 存储为"命令（组合键为Shift+Ctrl+S），弹出"存储为"对话框，在这个对话框中，可以为修改过的文件重新命名，并设置文件的路径和类型。设置完成后，单击"保存"按钮，原文件依旧保留不变，修改过的文件被另存为一个新的文件。

1.3.4 关闭文件

选择"文件>关闭"命令（组合键为Ctrl+W），如图1-37所示，可将当前文件关闭。"关闭"命令只有在有文件被打开时才呈现为可用状态。

图1-37

也可单击绘图窗口右上角的按钮 ⊠ 来关闭文件，若当前文件被修改过或是新建的文件，那么在关闭文件的时候系统就会弹出一个提示框，如图1-38所示。单击"是"按钮即可先保存文件再关闭文件，单击"否"按钮即不保存文件的更改

而直接关闭文件，单击"取消"按钮即取消关闭文件操作。

图1-38

1.4　图像的显示效果

在使用Illustrator CS6绘制和编辑图形图像的过程中，用户可以根据需要随时调整图形图像的显示模式和显示比例，以便对所绘制和编辑的图形图像进行观察和操作。

1.4.1　选择视图模式

Illustrator CS6包括4种视图模式，即"预览""轮廓""叠印预览""像素预览"。绘制图像的时候，可根据不同的需要选择不同的视图模式。

"预览"模式是系统默认的模式，图像显示效果如图1-39所示。

"轮廓"模式隐藏了图像的颜色信息，用线框轮廓来表现图像。这样在绘制图像时会有很高的灵活性，可以根据需要，单独查看轮廓线，从而极大地节省图像运算的速度，提高工作效率。

"轮廓"模式的图像显示效果如图1-40所示。如果当前图像为其他模式，选择"视图 > 轮廓"命令（组合键为Ctrl+Y），将切换到"轮廓"模式，再选择"视图 >预览"命令（组合键为Ctrl+Y），将切换到"预览"模式。

式，选择"视图 > 叠印预览"命令（组合键为Alt+Shift+Ctrl+Y），将切换到"叠印预览"模式。

"像素预览"可以将绘制的矢量图像转换为位图显示。这样可以有效控制图像的精确度和尺寸等。转换后的图像在放大时会看见排列在一起的像素点，如图1-42所示。如果当前图像为其他模式，选择"视图 > 像素预览"命令（组合键为Alt+Ctrl+Y），将切换到"像素预览"模式。

图1-41　　　　　　图1-42

1.4.2　适合窗口大小显示图像和显示图像的实际大小

1.　适合窗口大小显示图像

绘制图像时，可以选择"适合窗口大小"命令来显示图像，这时图像就会最大限度地显示在工作界面中并保持其完整性。

选择"视图 > 画板适合窗口大小"命令（组合键为Ctrl+0），图像显示的效果如图1-43所示。

图1-39　　　　　　图1-40

"叠印预览"可以显示接近油墨混合的效果，如图1-41所示。如果当前图像为其他模

也可以用鼠标双击"抓手"工具🖑，将图像调整为适合窗口大小显示。

图1-43

2. 显示图像的实际大小

选择"实际大小"命令可以将图像按100%的效果显示，在此状态下可以对文件进行精确的编辑。

选择"视图 > 实际大小"命令（组合键为Ctrl+1），图像显示的效果如图1-44所示。

图1-44

1.4.3 放大显示图像

选择"视图＞放大"命令（组合键为Ctrl＋＋），每选择一次"放大"命令，页面内的图像就会被放大一级。例如，图像以100%的比例显示在屏幕上，选择"放大"命令一次，则变成150%，再选择一次，则变成200%，放大的效果如图1-45所示。

图1-45

使用缩放工具也可放大显示图像。选择"缩放"工具🔍，在页面中光标会自动变为放大镜🔍图标，每单击一次鼠标左键，图像就会放大一级。例如，图像以100%的比例显示在屏幕上，单击鼠标一次，则变成150%，放大的效果如图1-46所示。

图1-46

若对图像的局部区域放大，先选择"缩放"工具🔍，然后把"缩放"工具🔍定位在要放大的区域外，按住鼠标左键并拖曳，使鼠标画出的矩形框圈选所需的区域，如图1-47所示，最后释放鼠标左键，这个区域就会放大显示并填满图像窗口，如图1-48所示。

图1-47

图1-48

🔍 提示

如果当前正在使用其他工具，若要切换到缩放工具，按Ctrl+Spacebar（空格）组合键即可。

使用状态栏也可以放大显示图像。在状态栏中的百分比数值框 100% 中直接输入需要放大的百分比数值，按Enter键即可执行放大操作。

还可以使用"导航器"控制面板放大显示图像。单击面板右下角的"放大"按钮，可逐级地放大图像。拖拉三角形滑块可以将图像自由放大。在左下角的百分比数值框中直接输入数值后，按Enter键也可以将图像放大，如图1-49所示。

图1-49

1.4.4　缩小显示图像

选择"视图＞缩小"命令，每选择一次"缩小"命令，页面内的图像就会被缩小一级（也可连续按Ctrl＋−组合键），效果如图1-50所示。

图1-50

使用缩小工具也可缩小显示图像。选择"缩放"工具，在页面中鼠标指针会自动变为放大镜图标，按住Alt键，则屏幕上的图标变为缩小工具图标。按住Alt键不放，用鼠标单击图像一次，图像就会缩小显示一级。

提示

在使用其他工具时，若想切换到缩小工具，按Alt＋Ctrl＋Spacebar（空格）组合键即可。

使用状态栏命令也可以缩小显示图像。在状态栏的百分比数值框 100% 中直接输入需要缩小的百分比数值，按Enter键即可执行缩小操作。

还可以使用"导航器"控制面板缩小显示图像。单击面板左下角较小的三角图标，可逐级地缩小图像。拖拉三角形滑块可以任意将图像缩小。在左下角的百分比数值框中直接输入数值后，按Enter键也可以将图像缩小。

1.4.5　全屏显示图像

全屏显示图像可以更好地观察图像的完整效果。全屏显示图像有以下几种方法。

单击工具箱下方的屏幕模式转换按钮，可以在3种模式之间相互转换，即正常屏幕模式、带有菜单栏的全屏模式和全屏模式。反复按F键，也可切换屏幕显示模式。

正常屏幕模式： 如图1-51所示，这种屏幕显示模式包括菜单栏、标题栏、工具箱、工具属性栏、控制面板和状态栏。

带有菜单栏的全屏模式： 如图1-52所示，这种屏幕显示模式包括菜单栏、工具箱、工具属性栏和控制面板。

图1-51

图1-52

全屏模式：如图1-53所示，这种屏幕只显示页面。按Tab键，可以调出菜单栏、工具箱、工具属性栏和控制面板（见图1-52）。

图1-53

1.4.6　图像窗口显示

当用户打开多个文件时，屏幕中会出现多个图像文件窗口，这就需要对窗口进行布置和摆放。

同时打开多幅图像，效果如图1-54所示。选择"窗口 > 排列 > 全部在窗口中浮动"命令，图像都浮动排列在界面中，如图1-55所示。此时，可对图像进行层叠、平铺的操作。选择"合并所有窗口"命令，可将所有图像再次合并到选项卡中。

图1-54

图1-55

选择"窗口 > 排列 > 平铺"命令，图像的排列效果如图1-56所示。选择"窗口 > 排列 > 层叠"命令，图像的排列效果如图1-57所示。

图1-56

图1-57

1.4.7　观察放大图像

选择"缩放"工具 🔍，当页面中光标变为放大镜 ⊕ 后，放大图像，图像周围会出现滚动条。选择"抓手"工具 ✋，当图像中光标变为手形后，按住鼠标左键在放大的图像中拖曳，可以观察图像的每个部分，如图1-58所示。还可直接用鼠标拖曳图像周围的垂直和水平滚动条，观察图像的每个部分，效果如图1-59所示。

图1-59

🔍 提示

如果正在使用其他的工具进行操作，按住Space（空格）键，可以转换为手形工具。

图1-58

1.5 标尺、参考线和网格的使用

Illustrator CS6提供了标尺、参考线和网格等工具，这些工具可以帮助用户对所绘制和编辑的图形图像精确定位，还可以测量图形图像的准确尺寸。

1.5.1 标尺

选择"视图 > 标尺 > 显示标尺"命令（组合键为Ctrl+R），显示出标尺，效果如图1-60所示。如果要将标尺隐藏，可以选择"视图 > 标尺 > 隐藏标尺"命令（组合键为Ctrl+R），将标尺隐藏。

图1-60

如果需要设置标尺的显示单位，选择"编辑 > 首选项 > 单位"命令，弹出"首选项"对话框，如图1-61所示，可以在"常规"选项的下拉列表中设置标尺的显示单位。

图1-61

如果仅需要对当前文件设置标尺的显示单位，则选择"文件 > 文档设置"命令，弹出"文档设置"对话框，如图1-62所示，可以在"单位"选项的下拉列表中设置标尺的显示单位。用这种方法设置的标尺单位对以后新建立的文件标尺单位不起作用。

图1-62

在系统默认的状态下，标尺的坐标原点在工作页面的左下角，如果想要更改坐标原点的位置，单击水平标尺与垂直标尺的交点并将其拖曳到页面中，释放鼠标，即可将坐标原点设置在此处。如果想要恢复标尺原点的默认位置，双击水平标尺与垂直标尺的交点即可。

1.5.2 参考线

如果想要添加参考线，可以用鼠标在水平或垂直标尺上向页面中拖曳参考线；可以在标尺的特定位置双击创建参考线；还可以根据需要将图形或路径转换为参考线。选中要转换的路径，如图1-63所示，选择"视图 > 参考线 > 建立参考线"命令，将选中的路径转换为参考线，如图1-64所示。选择"视图 > 参考线 > 释放参考线"命令，可以将选中的参考线转换为路径。

图1-63

图1-64

按住Shift键在标尺上双击，创建的参考线会自动与标尺上最接近的刻度对齐。

选择"视图 > 参考线 > 锁定参考线"命令，可以将参考线进行锁定。选择"视图 > 参考线 > 隐藏参考线"命令，可以将参考线隐藏。选择"视图 > 参考线 > 清除参考线"命令，可以清除参考线。

选择"视图 > 智能参考线"命令，可以显示智能参考线。当图形移动或旋转到一定角度时，智能参考线就会高亮显示并给出提示信息。

1.5.3 网格

选择"视图 > 显示网格"命令即可显示出网格，如图1-65所示。选择"视图 > 隐藏网格"命令，可将网格隐藏。如果需要设置网格的颜色、样式、间隔等属性，选择"编辑 > 首选项 > 参考线和网格"命令，弹出"首选项"对话框，如图1-66所示。

图1-65

图1-66

"颜色"选项：用于设置网格的颜色。

"样式"选项：用于设置网格的样式，包括线和点。

"网格线间隔"选项：用于设置网格线的间距。

"次分隔线"选项：用于细分网格线的多少。

"网格置后"选项：用于设置网格线显示在图形的上方或下方。

"显示像素网格"选项：在"像素预览"模式下，当图形放大到600%以上时，查看像素网格。

第 2 章

图形的绘制和编辑

本章介绍

　　本章将讲解Illustrator CS6中基本图形工具的使用方法，以及Illustrator CS6的手绘图形工具及其修饰方法，并详细讲解对象的编辑方法。认真学习本章的内容，读者可以掌握Illustrator CS6的绘图功能和其特点，以及编辑对象的方法，为进一步学习Illustrator CS6打好基础。

学习目标

◆ 掌握绘制线段和网格的方法。

◆ 熟练掌握基本图形的绘制技巧。

◆ 掌握手绘工具的使用方法。

◆ 熟练掌握对象的编辑技巧。

技能目标

◆ 掌握"圣诞帽"的绘制方法。

◆ 掌握"水果标签"的绘制方法。

◆ 掌握"小动物"的绘制方法。

2.1　绘制线段和网格

在平面设计中，直线和弧线是经常使用的线型。使用"直线段"工具 ☑ 和"弧形"工具 ☑ 可以创建任意的直线和弧线，对其进行编辑和变形，可以得到更多复杂的图形对象。在设计制作时，还会应用到各种网格，如矩形网格和极坐标网格。下面，将详细讲解这些工具的使用方法。

2.1.1　绘制直线

1. 拖曳鼠标绘制直线

选择"直线段"工具 ☑，在页面中需要的位置单击并按住鼠标左键不放，拖曳光标到需要的位置，释放鼠标左键，绘制出一条任意角度的斜线，效果如图2-1所示。

选择"直线段"工具 ☑，按住Shift键，在页面中需要的位置单击并按住鼠标左键不放，拖曳光标到需要的位置，释放鼠标左键，绘制出水平、垂直或45°角及其倍数的直线，效果如图2-2所示。

选择"直线段"工具 ☑，按住Alt键，在页面中需要的位置单击鼠标并按住鼠标左键不放，拖曳光标到需要的位置，释放鼠标左键，绘制出以鼠标单击点为中心的直线（由单击点向两边扩展）。

选择"直线段"工具 ☑，按住~键，在页面中需要的位置单击并按住鼠标左键不放，拖曳光标到需要的位置，释放鼠标左键，绘制出多条直线（系统自动设置），效果如图2-3所示。

图2-1　　　图2-2　　　图2-3

2. 精确绘制直线

选择"直线段"工具 ☑，在页面中需要的位置单击鼠标，或双击"直线段"工具 ☑，都将弹出"直线段工具选项"对话框，如图2-4所示。对话框中的"长度"选项可以设置线段的长度，"角度"选项可以设置线段的倾斜度，勾选"线段填色"复选框可以填充直线组成的图形。设置完成后，单击"确定"按钮，得到如图2-5所示的直线。

图2-4　　　　　　　　　图2-5

2.1.2　绘制弧线

1. 拖曳光标绘制弧线

选择"弧形"工具 ☑，在页面中需要的位置单击并按住鼠标左键不放，拖曳光标到需要的位置，释放鼠标左键，绘制出一段弧线，效果如图2-6所示。

选择"弧形"工具 ☑，按住Shift键，在页面中需要的位置单击并按住鼠标左键不放，拖曳光标到需要的位置，释放鼠标左键，绘制出在水平和垂直方向上长度相等的弧线，效果如图2-7所示。

选择"弧形"工具 ☑，按住~键，在页面中需要的位置单击并按住鼠标左键不放，拖曳光标到需要的位置，释放鼠标左键，绘制出多条弧线，效果如图2-8所示。

图2-6　　　　图2-7　　　　图2-8

2. 精确绘制弧线

选择"弧形"工具 ，在页面中需要的位置单击鼠标，或双击"弧形"工具 ，都将弹出"弧线段工具选项"对话框，如图2-9所示。对话框中的"x轴长度"选项可以设置弧线水平方向的长度，"y轴长度"选项可以设置弧线垂直方向的长度，"类型"选项可以设置弧线类型，"基线轴"选项可以选择坐标轴，勾选"弧线填色"复选项可以填充弧线。设置完成后，单击"确定"按钮，得到如图2-10所示的弧形。输入不同的数值，将会得到不同的弧形，效果如图2-11所示。

图2-9

图2-10　　　　　　图2-11

2.1.3　绘制螺旋线

1. 拖曳光标绘制螺旋线

选择"螺旋线"工具 ，在页面中需要的位置单击并按住鼠标左键不放，拖曳光标到需要的位置，释放鼠标左键，绘制出螺旋线，如图2-12所示。

选择"螺旋线"工具 ，按住Shift键，在页面中需要的位置单击并按住鼠标左键不放，拖曳光标到需要的位置，释放鼠标左键，绘制出螺旋线，绘制的螺旋线转动的角度将是强制角度（默认设置是45°）的整倍数。

选择"螺旋线"工具 ，按住～键，在页

面中需要的位置单击并按住鼠标左键不放，拖曳光标到需要的位置，释放鼠标左键，绘制出多条螺旋线，效果如图2-13所示。

图2-12　　　　　　图2-13

2. 精确绘制螺旋线

选择"螺旋线"工具 ，在页面中需要的位置单击，弹出"螺旋线"对话框，如图2-14所示。对话框中的"半径"选项可以设置螺旋线的半径，螺旋线的半径指的是从螺旋线的中心点到螺旋线终点之间的距离；"衰减"选项可以设置螺旋形内部线条之间的螺旋圈数；"段数"选项可以设置螺旋线的螺旋段数；"样式"单选项按钮用来设置螺旋线的旋转方向。设置完成后，单击"确定"按钮，得到如图2-15所示的螺旋线。

图2-14　　　　　　图2-15

2.1.4　绘制矩形网格

1. 拖曳光标绘制矩形网格

选择"矩形网格"工具 ，在页面中需要的位置单击并按住鼠标左键不放，拖曳光标到需要的位置，释放鼠标左键，绘制出一个矩形网格，效果如图2-16所示。

选择"矩形网格"工具 ，按住Shift键，在页面中需要的位置单击并按住鼠标左键不放，拖曳光标到需要的位置，释放鼠标左键，绘制出一个正方形网格，效果如图2-17所示。

图2-16 　　　　　 图2-17

选择"矩形网格"工具▦，按住～键，在页面中需要的位置单击并按住鼠标左键不放，拖曳光标到需要的位置，释放鼠标左键，绘制出多个矩形网格，效果如图2-18所示。

图2-18

2. 精确绘制矩形网格

选择"矩形网格"工具▦，在页面中需要的位置单击，弹出"矩形网格工具选项"对话框，如图2-19所示。在对话框的"默认大小"选项组中，"宽度"选项可以设置矩形网格的宽度，"高度"选项可以设置矩形网格的高度；在"水平分隔线"选项组中，"数量"选项可以设置矩形网格中水平网格线的数量，"下、上方倾斜"选项可以设置水平网格的倾向；在"垂直分隔线"选项组中，"数量"选项可以设置矩形网格中垂直网格线的数量，"左、右方倾斜"选项可以设置垂直网格的倾向。设置完成后，单击"确定"按钮，得到如图2-20所示的矩形网格。

图2-19 　　　　　　　　　 图2-20

2.1.5 绘制极坐标网格

1. 拖曳光标绘制极坐标网格

选择"极坐标网格"工具◉，在页面中需要的位置单击并按住鼠标左键不放，拖曳光标到需要的位置，释放鼠标左键，绘制出一个极坐标网格，效果如图2-21所示。

选择"极坐标网格"工具◉，按住Shift键，在页面中需要的位置单击并按住鼠标左键不放，拖曳光标到需要的位置，释放鼠标左键，绘制出一个圆形极坐标网格，效果如图2-22所示。

选择"极坐标网格"工具◉，按住～键，在页面中需要的位置单击并按住鼠标左键不放，拖曳光标到需要的位置，释放鼠标左键，绘制出多个极坐标网格，效果如图2-23所示。

图2-21 　　　　 图2-22 　　　　 图2-23

2. 精确绘制极坐标网格

选择"极坐标网格"工具◉，在页面中需要的位置单击，弹出"极坐标网格工具选项"对话框，如图2-24所示。在对话框中的"默认大小"

选项组中，"宽度"选项可以设置极坐标网格图形的宽度，"高度"选项可以设置极坐标网格图形的高度；在"同心圆分隔线"选项组中，"数量"选项可以设置极坐标网格图形中同心圆的数量，"内、外倾斜"选项可以设置极坐标网格图形的排列倾向；在"径向分隔线"选项组中，"数量"选项可以设置极坐标网格图形中射线的数量，"下、上方倾斜"选项可以设置极坐标网格图形的排列倾向。设置完成后，单击"确定"按钮，得到如图2-25所示的极坐标网格。

图2-24　　　　　　　　　图2-25

2.2 绘制基本图形

矩形、圆形、多边形和星形是基本的，但也是较重要的图形。在Illustrator CS6中，矩形工具、圆角矩形工具、椭圆工具、多边形工具和星形工具的使用方法比较类似，使用这些工具，可以很方便地在绘图页面上拖曳光标绘制出各种形状，还可以通过设置相应的参数精确绘制图形。

命令介绍

矩形工具： 用于绘制矩形与正方形。

椭圆工具： 用于绘制椭圆形与圆形。

多边形工具： 用于绘制多边形图形。

星形工具： 用于绘制星形。

2.2.1 课堂案例——绘制圣诞帽

【**案例学习目标**】学习使用基本图形工具绘制圣诞帽。

【**案例知识要点**】使用直接选择工具调整圆形的锚点；使用矩形工具、星形工具、多边形工具、圆角矩形工具和椭圆工具绘制圣诞帽，效果如图2-26所示。

【**效果所在位置**】Ch02/效果/绘制圣诞帽.ai。

图2-26

（1）按Ctrl+N组合键，新建一个文档，宽度为210mm，高度为290mm，取向为竖向，颜色模式为CMYK，单击"确定"按钮。选择"矩形"工具，在适当的位置绘制矩形，设置图形填充色的C、M、Y、K值分别为85、85、40、0，填充图形，并设置描边色为无，效果如图2-27所示。

（2）选择"椭圆"工具，按住Shift键的同时，在适当的位置绘制圆形，设置图形填充色的C、M、Y、K值分别为0、25、100、0，填充图形，并设置描边色为无，效果如图2-28所示。

图2-27　　　　　　图2-28

（3）选择"椭圆"工具◉，按住Shift键的同时，在适当的位置绘制圆形，设置图形填充色的C、M、Y、K值分别为0、85、65、0，填充图形，并设置描边色为无，效果如图2-29所示。选择"直接选择"工具▶，双击圆形的下方锚点，如图2-30所示。向上拖曳锚点至适当位置，如图2-31所示。

图2-29　　　　图2-30　　　　图2-31

（4）选择"圆角矩形"工具◉，在页面中单击鼠标，弹出"圆角矩形"对话框，设置如图2-32所示，单击"确定"按钮，得到一个圆角矩形，如图2-33所示。设置图形填充色为白色，填充图形，并设置描边色为无，效果如图2-34所示。

图2-32

图2-33　　　　　　图2-34

（5）选择"多边形"工具◉，在页面中单

击鼠标，弹出"多边形"对话框，设置如图2-35所示，单击"确定"按钮，得到一个五边形，如图2-36所示。设置图形填充色的C、M、Y、K值分别为0、85、65、25，填充图形，并设置描边色为无，效果如图2-37所示。

图2-35

图2-36　　　　　　图2-37

（6）选择"矩形"工具▣，在适当的位置绘制矩形，填充图形为白色，并设置描边色为无，效果如图2-38所示。选择"选择"工具▶，对选取的矩形进行旋转，效果如图2-39所示。按住Alt键的同时，拖曳选取的矩形到适当位置，如图2-40所示。

图2-38　　　　图2-39　　　　图2-40

（7）选择"选择"工具▶，按住Shift键的同时，单击两个白色矩形，将两个白色矩形选取，按Ctrl+G组合键将其编组，效果如图2-41所示。用相同的方法制作其他图形，效果如图2-42所示。

图2-41　　　　　　图2-42

（8）选择"钢笔"工具 ![pen]，在适当的位置绘制图形，如图2-43所示。设置图形填充色的C、M、Y、K值分别为0、85、65、25，填充图形，并设置描边色为无，效果如图2-44所示。按Ctrl+[组合键，将图形向后移动一层，效果如图2-45所示。

图2-43　　　　图2-44　　　　图2-45

（9）选择"椭圆"工具 ![ellipse]，按住Shift键的同时，在适当的位置绘制圆形，填充图形为白色，并设置描边色为无，效果如图2-46所示。

（10）选择"星形"工具 ![star]，按住Shift键的同时，在适当的位置绘制五角星，设置图形填充色的C、M、Y、K值分别为0、85、65、0，填充图形，并设置描边色为无，效果如图2-47所示。

图2-46　　　　　　图2-47

（11）选择"选择"工具 ![select]，按住Alt键的同时，拖曳选取的五角星到适当位置，如图2-48所示。用相同的方法复制出其他五角星并调整图形大小，如图2-49所示。圣诞帽绘制完成。

图2-48　　　　　　图2-49

2.2.2　绘制矩形和圆角矩形

1．使用光标绘制矩形

选择"矩形"工具 ![rect]，在页面中需要的位置单击并按住鼠标左键不放，拖曳光标到需要的位置，释放鼠标左键，绘制出一个矩形，效果如图2-50所示。

选择"矩形"工具 ![rect]，按住Shift键，在页面中需要的位置单击并按住鼠标左键不放，拖曳光标到需要的位置，释放鼠标左键，绘制出一个正方形，效果如图2-51所示。

选择"矩形"工具 ![rect]，按住 ~ 键，在页面中需要的位置单击并按住鼠标左键不放，拖曳光标到需要的位置，释放鼠标左键，绘制出多个矩形，效果如图2-52所示。

图2-50　　　　图2-51　　　　图2-52

🔍 提示

选择"矩形"工具 ![rect]，按住Alt键，在页面中需要的位置单击并按住鼠标左键不放，拖曳光标到需要的位置，释放鼠标左键，可以绘制一个以鼠标单击点为中心的矩形。

选择"矩形"工具 ![rect]，按住Alt+Shift组合键，在页面中需要的位置单击并按住鼠标左键不放，拖曳光标到需要的位置，释放鼠标左键，可以绘制一个以鼠标单击点为中心的正方形。

选择"矩形"工具 ![rect]，在页面中需要的位置单击并按住鼠标左键不放，拖曳光标到需要的位置，再按住Space键，可以暂停绘制工作而在页面上任意移动未绘制完成的矩形，释放Space键后可继续绘制矩形。

上述方法在"圆角矩形"工具 ![rect]、"椭圆"工具 ![ellipse]、"多边形"工具 ![poly]、"星形"工具 ![star]中同样适用。

2. 精确绘制矩形

选择"矩形"工具▣，在页面中需要的位置单击，弹出"矩形"对话框，如图2-53所示。在对话框中，"宽度"选项可以设置矩形的宽度，"高度"选项可以设置矩形的高度。设置完成后，单击"确定"按钮，得到如图2-54所示的矩形。

图2-53　　　　　　　　　图2-54

3. 使用光标绘制圆角矩形

选择"圆角矩形"工具▣，在页面中需要的位置单击并按住鼠标左键不放，拖曳光标到需要的位置，释放鼠标左键，绘制出一个圆角矩形，效果如图2-55所示。

选择"圆角矩形"工具▣，按住Shift键，在页面中需要的位置单击并按住鼠标左键不放，拖曳光标到需要的位置，释放鼠标左键，可以绘制一个宽度和高度相等的圆角矩形，效果如图2-56所示。

选择"圆角矩形"工具▣，按住～键，在页面中需要的位置单击并按住鼠标左键不放，拖曳光标到需要的位置，释放鼠标左键，绘制出多个圆角矩形，效果如图2-57所示。

图2-55　　　　　图2-56　　　　　图2-57

4. 精确绘制圆角矩形

选择"圆角矩形"工具▣，在页面中需要的位置单击，弹出"圆角矩形"对话框，如图2-58所示。在对话框中，"宽度"选项可以设置圆角矩形的宽度，"高度"选项可以设置圆角矩形的高度，"圆角半径"选项可以控制圆角矩形

中圆角半径的长度。设置完成后，单击"确定"按钮，得到如图2-59所示的圆角矩形。

图2-58　　　　　　　　　图2-59

2.2.3　绘制椭圆形和圆形

1. 使用光标绘制椭圆形

选择"椭圆"工具▣，在页面中需要的位置单击并按住鼠标左键不放，拖曳光标到需要的位置，释放鼠标左键，绘制出一个椭圆形，如图2-60所示。

选择"椭圆"工具▣，按住Shift键，在页面中需要的位置单击并按住鼠标左键不放，拖曳光标到需要的位置，释放鼠标左键，绘制出一个圆形，效果如图2-61所示。

选择"椭圆"工具▣，按住～键，在页面中需要的位置单击并按住鼠标左键不放，拖曳光标到需要的位置，释放鼠标左键，可以绘制多个椭圆形，效果如图2-62所示。

图2-60

图2-61　　　　　　　　图2-62

2. 精确绘制椭圆形

选择"椭圆"工具▣，在页面中需要的位

置单击，弹出"椭圆"对话框，如图2-63所示。在对话框中，"宽度"选项可以设置椭圆形的宽度，"高度"选项可以设置椭圆形的高度。设置完成后，单击"确定"按钮，得到如图2-64所示的椭圆形。

图2-63

图2-64

2.2.4 绘制多边形

1. 使用鼠标绘制多边形

选择"多边形"工具，在页面中需要的位置单击并按住鼠标左键不放，拖曳光标到需要的位置，释放鼠标左键，绘制出一个多边形，如图2-65所示。

选择"多边形"工具，按住Shift键，在页面中需要的位置单击并按住鼠标左键不放，拖曳光标到需要的位置，释放鼠标左键，绘制出一个正多边形，效果如图2-66所示。

选择"多边形"工具，按住～键，在页面中需要的位置单击并按住鼠标左键不放，拖曳光标到需要的位置，释放鼠标左键，绘制出多个多边形，效果如图2-67所示。

图2-65

图2-66

图2-67

2. 精确绘制多边形

选择"多边形"工具，在页面中需要的位置单击，弹出"多边形"对话框，如图2-68所示。在对话框中，"半径"选项可以设置多边形的半径，半径指的是从多边形中心点到多边形顶

点的距离，而中心点一般为多边形的重心，"边数"选项可以设置多边形的边数。设置完成后，单击"确定"按钮，得到如图2-69所示的多边形。

图2-68

图2-69

2.2.5 绘制星形

1. 使用鼠标绘制星形

选择"星形"工具，在页面中需要的位置单击并按住鼠标左键不放，拖曳光标到需要的位置，释放鼠标左键，绘制出一个星形，效果如图2-70所示。

选择"星形"工具，按住Shift键，在页面中需要的位置单击并按住鼠标左键不放，拖曳光标到需要的位置，释放鼠标左键，绘制出一个正星形，效果如图2-71所示。

选择"星形"工具，按住～键，在页面中需要的位置单击并按住鼠标左键不放，拖曳光标到需要的位置，释放鼠标左键，绘制出多个星形，效果如图2-72所示。

图2-70

图2-71

图2-72

2. 精确绘制星形

选择"星形"工具，在页面中需要的位置单击，弹出"星形"对话框，如图2-73所示。在对话框中，"半径1"选项可以设置从星形中心点到各外部角的顶点的距离，"半径2"选项可以设置从星形中心点到各内部角的端点的距离，"角点数"选项可以设置星形中的边角数量。设

置完成后，单击"确定"按钮，得到如图2-74所示的星形。

图2-73

图2-74

2.2.6　绘制光晕形

应用光晕工具可以绘制出镜头光晕的效果，绘制出的图形中包括一个明亮的发光点，以及光晕、光线和光环等对象，通过调节中心控制点和末端控制柄的位置，可以改变光线的方向。光晕形的组成部分如图2-75所示。

图2-75

1.　使用鼠标绘制光晕形

选择"光晕"工具[图]，在页面中需要的位置单击并按住鼠标左键不放，拖曳光标到需要的位置，如图2-76所示。释放鼠标左键，然后在其他需要的位置再次单击并拖动鼠标，如图2-77所示。释放鼠标左键，绘制出一个光晕形，如图2-78所示。取消选取后的光晕形效果如图2-79所示。

图2-76

图2-77

图2-78

图2-79

技巧

在光晕保持不变时，不释放鼠标左键，按住Shift键后再次拖动鼠标，中心控制点、光线和光晕随光标拖曳按比例缩放；按住Ctrl键后再次拖曳光标，中心控制点的大小保持不变，而光线和光晕随光标拖曳按比例缩放；同时按住键盘上"方向"键中的向上移动键，可以逐渐增加光线的数量；按住键盘上"方向"键中的向下移动键，则可以逐渐减少光线的数量。

下面介绍调节中心控制点和末端控制手柄之间的距离，以及光环的数量。

绘制出的光晕形保持不变（见图2-79），把光标移动到末端控制柄上，当光标变成符号"✣"时，拖曳光标调整中心控制点和末端控制柄之间的距离，如图2-80和图2-81所示。

图2-80

图2-81

绘制出的光晕形保持不变（见图2-79），把光标移动到末端控制柄上，当光标变成符号"✣"时拖曳光标，按住Ctrl键后再次拖曳，可以单独更改终止位置光环的大小，如图2-82和图2-83所示。

图2-82

图2-83

绘制出的光晕形保持不变（见图2-79），把光标移动到末端控制柄上，当光标变成符号"✥"时拖曳光标，按住 ~ 键，可以重新随机地排列光环的位置，如图2-84和图2-85所示。

图2-84　　　　　　　图2-85

2. 精确绘制光晕形

选择"光晕"工具 ，在页面中需要的位置单击鼠标，或双击"光晕"工具 ，弹出"光晕工具选项"对话框，如图2-86所示。

在对话框的"居中"选项组中，"直径"选项可以设置中心控制点直径的大小，"不透明度"选项可以设置中心控制点的不透明度比例，"亮度"选项可以设置中心控制点的亮度比例。在"光晕"选项组中，"增大"选项可以设置光晕围绕中心控制点的辐射程度，"模糊度"选项可以设置光晕在图形中的模糊程度。在"射线"选项组中，"数量"选项可以设置光线的数量，"最长"选项可以设置光线的长度，"模糊度"选项可以设置光线在图形中的模糊程度。在"环

形"选项组中，"路径"选项可以设置光环所在路径的长度值，"数量"选项可以设置光环在图形中的数量，"最大"选项可以设置光环的大小比例，"方向"选项可以设置光环在图形中的旋转角度，还可以通过右边的角度控制按钮调节光环的角度。设置完成后，单击"确定"按钮，得到如图2-87所示的光晕形。

图2-86

图2-87

2.3　手绘图形

Illustrator CS6提供了铅笔工具和画笔工具，用户可以使用这些工具绘制种类繁多的图形和路径，还提供了平滑工具和路径橡皮擦工具，用来修饰绘制的图形和路径。

命令介绍

画笔命令：可以为路径添加不同风格的外边装饰。可以将画笔描边应用于现有的路径，也可以使用画笔工具绘制路径，并在绘制的同时应用画笔描边。

2.3.1　课堂案例——绘制水果标签

【案例学习目标】学习使用图形工具和画笔面板绘制水果标签效果。

【案例知识要点】使用椭圆工具绘制水果；使用钢笔工具绘制装饰点；使用画笔库面板添加

装饰图形，效果如图2-88所示。

【效果所在位置】Ch02/效果/绘制水果标签.ai。

图2-88

（1）按Ctrl+N组合键新建一个文档，宽度为210mm，高度为290mm，取向为竖向，颜色模式为CMYK，单击"确定"按钮。

（2）选择"椭圆"工具◎，按住Shift键的同时，在适当的位置绘制圆形，设置图形填充色的C、M、Y、K值分别为14、84、100、4，填充图形，并设置描边色为无，效果如图2-89所示。

（3）选择"选择"工具▶，选取绘制的圆形，按Ctrl+C组合键复制图形，按Ctrl+V组合键粘贴图形，效果如图2-90所示。调整粘贴的图形的位置及大小，效果如图2-91所示。设置图形填充色的C、M、Y、K值分别为0、77、100、0，填充图形，效果如图2-92所示。

图2-89　　　　　图2-90

图2-91　　　　　图2-92

（4）选择"椭圆"工具◎，在适当的位置

绘制椭圆形，设置图形填充色的C、M、Y、K值分别为0、66、100、0，填充图形，并设置描边色为无，效果如图2-93所示。再次绘制椭圆形，设置图形填充色的C、M、Y、K值分别为0、47、73、0，填充图形，并设置描边色为无，效果如图2-94所示。

图2-93　　　　　图2-94

（5）选择"直接选择"工具▷，选取所需的节点，如图2-95所示。拖曳节点到适当位置，并拖曳节点手柄到适当位置，将图形变形，效果如图2-96所示。

图2-95　　　　　图2-96

（6）选择"钢笔"工具♪，在页面中绘制一个不规则图形，设置图形填充色的C、M、Y、K值分别为14、84、100、4，填充图形，并设置描边色为无，效果如图2-97所示。用相同的方法绘制其他图形，效果如图2-98所示。

图2-97　　　　　图2-98

（7）按Ctrl+O组合键，打开本书学习资源中的"Ch02>素材>绘制水果标签>01"文件，按Ctrl+A组合键全选图形，复制并将其粘贴到正在编辑的页面中，调整图形的大小及位置，效果如图2-99所示。按Ctrl+A组合键全选图形，按Ctrl+G组合键将所有图形编组，效果如图2-100所示。

图2-99　　　　　　图2-100

（8）选择"椭圆"工具，按住Shift键的同时，在适当的位置绘制圆形，如图2-101所示。选择"窗口>画笔库>装饰>典雅的卷曲和花形画笔组"命令，在弹出的面板中选取所需的描边画笔，如图2-102所示。设置圆形描边粗细为1pt，设置图形描边色的C、M、Y、K值分别为80、0、100、0，填充描边色，效果如图2-103所示。

图2-101　　　　　　图2-102

图2-103

（9）按Ctrl+O组合键，打开本书学习资源中的"Ch02>素材>绘制水果标签>02"文件，按Ctrl+A组合键全选图形，复制并将其粘贴到正在编辑的页面中，调整图形的大小及位置，效果如图2-104所示。

（10）选择"椭圆"工具，按住Shift键的同时，在适当的位置绘制圆形，如图2-105所示。

选择"窗口>画笔库>艺术效果>艺术效果-水彩"命令，在弹出的面板中选取所需的描边画笔，如图2-106所示。

图2-104　　　　　　图2-105

图2-106

（11）设置圆形描边粗细为1pt，设置图形描边色的C、M、Y、K值分别为0、91、100、0，填充描边色，效果如图2-107所示。按Shift+Ctrl+[组合键将图形置于底层，如图2-108所示。水果标签绘制完成。

图2-107　　　　　　图2-108

2.3.2　使用画笔工具

"画笔"工具可以用来绘制样式繁多的精美线条和图形，以及风格迥异的图像。调节不同的刷头还可以达到不同的绘制效果。

选择"画笔"工具，再选择"窗口>画笔"命令，弹出"画笔"控制面板，如图2-109所示。在控制面板中选择任意一种画笔样式。在页面中需要的位置单击并按住鼠标左键不放，向右拖曳光标进行线条的绘制，释放鼠标左键，线条绘制完成，如图2-110所示。

图2-109

图2-110

选取绘制的线条，如图2-111所示，选择"窗口>描边"命令，弹出"描边"控制面板，在控制面板中的"粗细"选项中选择或设置需要的描边大小，如图2-112所示，线条的效果如图2-113所示。

图2-111

图2-112

图2-113

双击"画笔"工具，弹出"画笔工具选项"对话框，如图2-114所示。在对话框的"容差"选项组中，"保真度"选项可以调节绘制曲线上的点的精确度，"平滑度"选项可以调节

绘制曲线的平滑度。在"选项"选项组中，勾选"填充新画笔描边"复选框，则每次使用画笔工具绘制图形时，系统都会自动地以默认颜色来填充对象的笔画；勾选"保持选定"复选框，绘制的曲线处于被选取状态；勾选"编辑所选路径"复选框，画笔工具可以对选中的路径进行编辑。

图2-114

2.3.3 使用"画笔"控制面板

选择"窗口>画笔"命令，弹出"画笔"控制面板。"画笔"控制面板中包含许多内容，下面进行详细讲解。

1. 画笔类型

Illustrator CS6包括5种类型的画笔，即散点画笔、书法画笔、毛刷画笔、图案画笔和艺术画笔。

（1）散点画笔。

单击"画笔"控制面板右上角的图标，将弹出其下拉菜单，在系统默认状态下"显示散点画笔"命令为灰色，选择"打开画笔库"命令，弹出子菜单，如图2-115所示。在弹出的菜单中选择任意一种散点画笔，弹出相应的控制面板，如图2-116所示。在控制面板中单击画笔，画笔就被加载到"画笔"控制面板中，如图2-117所示。选择任意一种散点画笔，再选择"画笔"工具，用鼠标在页面上连续单击或进行拖曳，就可以绘制出需要的图像，效果如图2-118所示。

图2-115　　　　　　　　　图2-116

图2-117　　　　　　　　　图2-118

（2）书法画笔。

在系统默认状态下，书法画笔为显示状态，"画笔"控制面板的第1排为书法画笔，如图2-119所示。选择任意一种书法画笔，再选择"画笔"工具 ，在页面中需要的位置单击并按住鼠标左键不放，拖曳光标进行线条的绘制，释放鼠标左键，线条绘制完成，效果如图2-120所示。

图2-119　　　　　　　　　图2-120

（3）毛刷画笔。

在系统默认状态下，毛刷画笔为显示状态，"画笔"控制面板的第3排为毛刷画笔，如图2-121所示。选择"画笔"工具 ，在页面中需要的位置单击并按住鼠标左键不放，拖曳光标进行线条的绘制，释放鼠标左键，线条绘制完成，效果如图2-122所示。

图2-121　　　　　　　　　图2-122

（4）图案画笔。

单击"画笔"控制面板右上角的图标 ，将弹出其下拉菜单，选择"打开画笔库"命令，在弹出的菜单中选择任意一种图案画笔，弹出相应的控制面板，如图2-123所示。在控制面板中单击画笔，画笔就被加载到"画笔"控制面板中，如图2-124所示。选择任意一种图案画笔，再选择"画笔"工具 ，用鼠标在页面上连续单击或进行拖曳，就可以绘制出需要的图像，效果如图2-125所示。

图2-123

图2-124　　　　　　　　　图2-125

（5）艺术画笔。

在系统默认状态下，艺术画笔为显示状态，"画笔"控制面板的图案画笔以下为艺术画笔，如图2-126所示。选择任意一种艺术画笔，再选择"画笔"工具 ，在页面中需要的位置单击并按住鼠标左键不放，拖曳光标进行线条的绘制，释放鼠标左键，线条绘制完成，效果如图2-127所示。

图2-126　　　　　　　　　图2-127

2. 更改画笔类型

选中想要更改画笔类型的图像，如图2-128所示，在"画笔"控制面板中单击需要的画笔样式，如图2-129所示，更改画笔后的图像效果如图2-130所示。

图2-128　　　　　　图2-129

图2-130

3. "画笔"控制面板的按钮

"画笔"控制面板下面有4个按钮，从左到右依次是"移去画笔描边"按钮、"所选对象的选项"按钮、"新建画笔"按钮和"删除画笔"按钮。

"移去画笔描边"按钮：可以将当前被选中的图形上的描边删除，而留下原始路径。

"所选对象的选项"按钮：可以打开应用到被选中图形上的画笔的选项对话框，在对话框中编辑画笔。

"新建画笔"按钮：可以创建新的画笔。

"删除画笔"按钮：可以删除选定的画笔样式。

4. "画笔"控制面板的下拉式菜单

单击"画笔"控制面板右上角的图标，弹出其下拉菜单，如图2-131所示。

"新建画笔"命令、"删除画笔"命令、"移去画笔描边"命令和"所选对象的选项"命令与相应的按钮功能是一样的。执行"复制画笔"命令可以复制选定的画笔。执行"选择所有未使用的画笔"命令将选中在当前文档中还没有使用过的所有画笔。执行"列表视图"命令可以将所有的画笔类型以列表的方式按照名称顺序排列，在显示小图标的同时还可以显示画笔的种类，如图2-132所示。执行"画笔选项"命令可以打开相关的选项对话框对画笔进行编辑。

图2-131　　　　　　图2-132

5. 编辑画笔

Illustrator CS6提供了对画笔编辑的功能，如改变画笔的外观、大小、颜色、角度，以及箭头方向等。对于不同的画笔类型，编辑的参数也有所不同。

选中"画笔"控制面板中需要编辑的画笔，如图2-133所示。单击控制面板右上角的图标，在弹出式菜单中选择"画笔选项"命令，弹出"散点画笔选项"对话框，如图2-134所示。该对话框中的"名称"选项可以设定画笔的名称；"大小"选项可以设定画笔图案与原图案之间比例大小的范围；"间距"选项可以设定"画笔"工具在绘图时沿路径分布的图案之间的距离；"分布"选项可以设定路径两侧分布的图案之间的距离；"旋转"选项可以设定各个画笔图案的旋转角度；"旋转相对于"选项可以设定画笔图案是相对于"页面"还是相对于"路径"来旋转；"着色"选项组中的"方法"选项可以设置着色的方法；"主色"选项后的吸管工具可以选择颜色，其后的色块即是所选择的颜色；单击"提示"按钮，弹出"着色提示"对话框，如图2-135所示。设置完成后，单击"确定"按钮，即可完成画笔的编辑。

图2-133

图2-134

图2-135

6. 自定义画笔

Illustrator CS6除了利用系统预设的画笔类型和编辑已有的画笔外，还可以使用自定义的画笔。不同类型的画笔，定义的方法类似。如果新建散点画笔，那么作为散点画笔的图形对象中就不能包含图案、渐变填充等属性。如果新建书法画笔和艺术画笔，就不需要事先制作好图案，只要在其相应的画笔选项对话框中进行设定即可。

选中想要制作成为画笔的对象，如图2-136所示。单击"画笔"控制面板下面的"新建画笔"按钮，或选择控制面板右上角的按钮，在弹出式菜单中选择"新建画笔"命令，弹出"新建画笔"对话框，如图2-137所示。

图2-136　　　　　图2-137

选择"图案画笔"单选项，单击"确定"按钮，弹出"图案画笔选项"对话框，如图2-138所示。在对话框中，"名称"选项用于设置图案画笔的名称；"缩放"选项用于设置图案画笔的缩放比例；"间距"选项用于设置图案之间的距离；选项用于设置画笔的外角拼贴、边线拼贴、内角拼贴、起点拼贴和终点拼贴；"翻转"选项组用于设置图案的翻转方向；"适合"选项组用于设置图案与图形的适合关系；"着色"选项组用于设置图案画笔的着色方法和主色调。单击"确定"按钮，制作的画笔将自动添加到"画笔"控制面板中，如图2-139所示。使用新定义的画笔可以在绘图页面上绘制图形，如图2-140所示。

图2-138

图2-142

图2-139

图2-140

2.3.4 使用画笔库

Illustrator CS6不但提供了功能强大的画笔工具，还提供了多种画笔库，其中包含箭头、艺术效果、装饰、边框和默认画笔等，这些画笔可以任意调用。

选择"窗口>画笔库"命令，在弹出式菜单中显示一系列的画笔库命令。分别选择各个命令，可以弹出一系列的"画笔"控制面板，如图2-141所示。Illustrator CS6还允许调用其他"画笔库"。选择"窗口>画笔库>其他库"命令，弹出"选择要打开的库："对话框，在该对话框中可以选择其他合适的库，如图2-142所示。

图2-141

2.3.5 使用铅笔工具

使用"铅笔"工具 ✐ 可以随意绘制出自由的曲线路径，在绘制过程中Illustrator CS6会自动依据光标的轨迹来设定节点而生成路径。铅笔工具既可以绘制闭合路径，又可以绘制开放路径，还可以将已经存在的曲线节点作为起点，延伸绘制出新的曲线，从而达到修改曲线的目的。

选择"铅笔"工具 ✐ ，在页面中需要的位置单击并按住鼠标左键不放，拖曳光标到需要的位置，可以绘制一条路径，如图2-143所示。释放鼠标左键，绘制出的效果如图2-144所示。

选择"铅笔"工具 ✐ ，在页面中需要的位置单击并按住鼠标左键，拖曳光标到需要的位置，按住Alt键，如图2-145所示。释放鼠标左键，可以绘制一条闭合的曲线，如图2-146所示。

图2-143

图2-144

图2-145

图2-146

绘制一个闭合的图形并选中这个图形，再选择"铅笔"工具 ，在闭合图形上的两个节点之间拖曳，如图2-147所示。可以修改图形的形状，释放鼠标左键，得到的图形效果如图2-148所示。

图2-147　　　　　　图2-148

双击"铅笔"工具 ，弹出"铅笔工具选项"对话框，如图2-149所示。在对话框的"容差"选项组中，"保真度"选项可以调节绘制曲线上的点的精确度，"平滑度"选项可以调节绘制曲线的平滑度。在"选项"选项组中，勾选"填充新铅笔描边"复选框，如果当前设置了填充颜色，绘制出的路径将使用该颜色；勾选"保持选定"复选框，绘制的曲线处于被选取状态；勾选"编辑所选路径"复选框，铅笔工具可以对选中的路径进行编辑。

图2-149

2.3.6　使用平滑工具

使用"平滑"工具 可以将尖锐的曲线变得较为光滑。

绘制曲线并选中绘制的曲线，选择"平滑"

工具 ，将光标移到需要平滑的路径旁，按住鼠标左键不放并在路径上拖曳，如图2-150所示，路径平滑后的效果如图2-151所示。

图2-150　　　　　　图2-151

双击"平滑"工具 ，弹出"平滑工具选项"对话框，如图2-152所示。在对话框中，"保真度"选项可以调节处理曲线上点的精确度，"平滑度"选项可以调节处理曲线的平滑度。

图2-152

2.3.7　使用路径橡皮擦工具

使用"路径橡皮擦"工具 可以擦除已有路径的全部或一部分，但是"路径橡皮擦"工具 不能应用于文本对象和包含渐变网格的对象。

选中想要擦除的路径，选择"路径橡皮擦"工具 ，将光标移到需要清除的路径旁，按住鼠标左键不放并在路径上拖曳，如图2-153所示，擦除路径后的效果如图2-154所示。

图2-153　　　　　　图2-154

2.4 对象的编辑

Illustrator CS6提供了强大的对象编辑功能，这一节中将讲解编辑对象的方法，其中包括对象的多种选取方式，对象的比例缩放、移动、镜像、旋转、倾斜、扭曲变形、复制、删除，以及使用"路径查找器"控制面板编辑对象等。

命令介绍

缩放命令： 可以快速精确地缩放对象。

复制命令： 可以将对象复制到剪贴板中，画面中的对象保持不变。

粘贴命令： 可以将对象粘贴到页面中。

2.4.1 课堂案例——绘制小动物

【案例学习目标】学习使用绘图工具、缩放命令、复制和粘贴命令绘制可爱动物。

【案例知识要点】使用椭圆工具、矩形工具、钢笔工具、螺旋线工具、路径查找器命令和多边形工具绘制图形；使用镜像命令、旋转命令、倾斜命令复制并调整动物图形，效果如图2-155所示。

【效果所在位置】Ch02/效果/绘制小动物.ai。

图2-155

（1）按Ctrl+N组合键新建一个文档，宽度为70mm，高度为70mm，取向为竖向，颜色模式为CMYK，单击"确定"按钮。

（2）选择"椭圆"工具，按住Shift键的同时，在适当的位置分别绘制圆形，如图2-156所示。选择"椭圆"工具，在适当的位置绘制一个椭圆形，如图2-157所示。

图2-156   图2-157

（3）选择"选择"工具，用圈选的方法将所绘制的图形同时选取，设置图形填充色的C、M、Y、K值分别为72、70、67、28，填充图形，并设置描边色为无，效果如图2-158所示。选择"窗口>路径查找器"命令，弹出"路径查找器"控制面板，单击"联集"按钮，如图2-159所示。生成新的对象，效果如图2-160所示。

图2-158   图2-159   图2-160

（4）选择"钢笔"工具，在适当的位置绘制不规则图形，设置图形填充色的C、M、Y、K值分别为1、8、5、0，填充图形，并设置描边色为无，效果如图2-161所示。用相同的方法绘制动物的眼睛，并填充适当的颜色，效果如图2-162所示。

图2-161   图2-162

（5）选择"椭圆"工具，在适当的位置绘制椭圆形，设置图形填充色的C、M、Y、K值分别为72、70、67、28，填充图形，并设置描边色为无，效果如图2-163所示。

（6）选择"钢笔"工具 ✐，在适当的位置绘制曲线，设置描边色的C、M、Y、K值分别为72、70、67、28，在属性栏中将"描边粗细"选项设为2pt，效果如图2-164所示。

图2-163　　　　　　图2-164

（7）选择"钢笔"工具 ✐，在适当的位置绘制不规则图形，设置图形填充色的C、M、Y、K值分别为72、70、67、28，填充图形，并设置描边色为无，效果如图2-165所示。用相同的方法绘制其他图形，并填充适当的颜色，效果如图2-166所示。

图2-165　　　　　　图2-166

（8）选择"钢笔"工具 ✐，在适当的位置绘制不规则图形，设置图形填充色的C、M、Y、K值分别为72、70、67、28，填充图形，并设置描边色为无，效果如图2-167所示。用相同的方法绘制其他图形，并填充适当的颜色，效果如图2-168所示。

图2-167　　　　　　图2-168

（9）选择"选择"工具 ▶，圈选绘制的图形，选择"对象>变换>对称"命令，在弹出的"镜像"对话框中进行设置，如图2-169所示。单击"复制"按钮，效果如图2-170所示。将复制的图形拖曳至适当位置，并连续按Ctrl+[组合键，向后移动图形，效果如图2-171所示。

图2-169

图2-170　　　　　　图2-171

（10）选择"钢笔"工具 ✐，在适当的位置绘制不规则图形，设置图形填充色的C、M、Y、K值分别为72、70、67、28，填充图形，并设置描边色为无，效果如图2-172所示。用相同的方法绘制其他图形，并填充适当的颜色，效果如图2-173所示。连续按Ctrl+[组合键向后移动图形，效果如图2-174所示。

图2-172　　　　图2-173　　　　图2-174

（11）选择"选择"工具 ▶，圈选绘制的图形，选择"对象>变换>对称"命令，在弹出的"镜像"对话框中进行设置，如图2-175所示。单击"复制"按钮，效果如图2-176所示。将复制的图形拖曳至适当位置，效果如图2-177所示。

图2-175

图2-176　　　　图2-177

（12）选择"螺旋线"工具 ◎，在适当的位置绘制螺旋线，设置描边色的C、M、Y、K值分别为72、70、67、28，在属性栏中将"描边粗细"选项设为2pt，效果如图2-178所示。

（13）选择"直接选择"工具 ▶，调整螺旋线末端节点的位置，如图2-179所示。选择"选择"工具 ▶，将绘制的螺旋线旋转适当角度，并拖曳至适当位置，效果如图2-180所示。

图2-178　　　　图2-179　　　　图2-180

（14）选择"椭圆"工具 ◉，在适当的位置绘制椭圆形，设置图形填充色的C、M、Y、K值分别为6、17、88、0，填充图形，并设置描边色为无，效果如图2-181所示。

（15）选择"选择"工具 ▶，选取绘制的椭圆形，按住Alt+Shift组合键的同时，垂直向下拖曳椭圆形到适当位置，复制图形，如图2-182所示。圈选两个椭圆形，按Ctrl+G组合键多次将椭圆形编组。将编组的图形旋转适当角度，效果如图2-183所示。

图2-181　　图2-182　　图2-183

（16）选择"旋转"工具 ◎，按住Alt键的同时在两个椭圆形中间单击，弹出"旋转"对话框，选项的设置如图2-184所示。单击"复制"按

钮，效果如图2-185所示。连续按Ctrl+D组合键，复制出多个图形，效果如图2-186所示。

图2-184

图2-185　　　　图2-186

（17）选择"矩形"工具 ▣，在适当的位置绘制矩形，设置图形填充色的C、M、Y、K值分别为53、85、90、31，填充图形，并设置描边色的C、M、Y、K值分别为13、29、86、0，效果如图2-187所示。

（18）选择"矩形网格"工具 ▦，在适当的位置单击，在弹出的"矩形网格工具选项"对话框中进行设置，如图2-188所示。单击"确定"按钮，效果如图2-189所示。按Shift+Ctrl+G组合键取消编组，选择"选择"工具 ▶，选取所需的图形，按Delete键将选取的图形删除，效果如图2-190所示。

图2-187　　　　图2-188

图2-189　　　　图2-190

（19）选择"选择"工具，圈选绘制的图形，将其拖曳至适当位置，设置描边色的C、M、Y、K值分别为13、29、86、0，效果如图2-191所示。

（20）选择"选择"工具，圈选绘制的图形，选择"对象>变换>倾斜"命令，在弹出的"镜像"对话框中进行设置，如图2-192所示。单击"确定"按钮，效果如图2-193所示。

图2-191　　　　图2-192

图2-193

（21）选择"椭圆"工具，按住Shift键的同时，在适当的位置绘制圆形，设置图形填充色为无，并设置描边色为无，效果如图2-194所示。选择"对象>剪切蒙版>建立"命令，效果如图2-195所示。

图2-194　　　　图2-195

（22）选择"选择"工具，圈选需要的图形，按Ctrl+G组合键多次将图形编组，效果如图2-196所示。将其拖曳至适当位置，效果如图2-197所示。小动物绘制完成。

图2-196　　　　图2-197

2.4.2　对象的选取

Illustrator CS6中提供了5种选择工具，包括"选择"工具、"直接选择"工具、"编组选择"工具、"魔棒"工具和"套索"工具。它们都位于工具箱的上方，如图2-198所示。

图2-198

"选择"工具：通过单击路径上的一点或一部分来选择整个路径。

"直接选择"工具：可以选择路径上独立的节点或线段，并显示出路径上的所有方向线以便于调整。

"编组选择"工具：可以单独选择组合对象中的个别对象。

"魔棒"工具：可以选择具有相同笔画或填充属性的对象。

"套索"工具：可以选择路径上独立的节点或线段，拖动直接选取套索工具时，经过轨迹上的所有路径将被同时选中。

编辑一个对象之前，首先要选中这个对象。对象刚建立时一般呈选取状态，对象的周围出现矩形圈选框，矩形圈选框是由8个控制手柄组成的，对象的中心有一个"·"形的中心标记，对象矩形圈选框的示意图如图2-199所示。

当选取多个对象时，可以多个对象共有1个矩形圈选框，多个对象的选取状态如图2-200所示。要取消对象的选取状态，只要在绘图页面上的其他位置单击即可。

图2-199　　　　　　图2-200

1. 使用选择工具选取对象

选择"选择"工具，当光标移动到对象或路径上时，指针变为"▶."，如图2-201所示；当光标移动到节点上时，指针变为"▶."，如图2-202所示；单击鼠标左键即可选取对象，指针变为"▶"，如图2-203所示。

图2-201　　　　图2-202　　　　图2-203

🔍 **提示**

按住Shift键，分别在要选取的对象上单击鼠标左键，即可连续选取多个对象。

选择"选择"工具，在绘图页面中要选取的对象外围单击并拖曳鼠标，拖曳后会出现一个灰色的矩形圈选框，如图2-204所示，在矩形圈选框圈选住整个对象后释放鼠标，这时，被圈选的对象处于选取状态，如图2-205所示。

图2-204　　　　　　图2-205

🔍 **提示**

用圈选的方法可以同时选取一个或多个对象。

2. 使用直接选择工具选取对象

选择"直接选择"工具，用鼠标单击对象可以选取整个对象，如图2-206所示。在对象的某个节点上单击，该节点将被选中，如图2-207所示。选中该节点不放，向右拖曳，将改变对象的形状，如图2-208所示。

图2-206　　　　图2-207　　　　图2-208

🔍 **提示**

在移动节点的时候，按住Shift键，节点可以沿着45°角的整数倍方向移动；在移动节点时，按住Alt键，此时可以复制节点，这样就可以得到一段新路径。

3. 使用魔棒工具选取对象

双击"魔棒"工具，弹出"魔棒"控制面板，如图2-209所示。

图2-209

勾选"填充颜色"复选框，可以使填充相同颜色的对象同时被选中；勾选"描边颜色"复选框，可以使填充相同描边的对象同时被选中；勾选"描边粗细"复选框，可以使填充相同笔画宽度的对象同时被选中；勾选"不透明度"复选框，可以使相同透明度的对象同时被选中；勾选"混合模式"复选框，可以使相同混合模式的对象同时被选中。

绘制3个图形，如图2-210所示，"魔棒"控制面板的设定如图2-211所示，使用"魔棒"工具，单击左边的对象，那么填充相同颜色的对象都会被选取，效果如图2-212所示。

图2-210　　　　　图2-211

图2-212

绘制3个图形，如图2-213所示，"魔棒"控制面板的设定如图2-214所示，使用"魔棒"工具，单击左边的对象，那么填充相同描边颜色的对象都会被选取，如图2-215所示。

图2-213　　　　　图2-214

图2-215

4. 使用套索工具选取对象

选择"套索"工具，在对象的外围单击并按住鼠标左键，拖曳光标绘制一个套索圈，如图2-216所示，释放鼠标左键，对象被选取，效果如图2-217所示。

图2-216　　　　　图2-217

选择"套索"工具，在绘图页面中的对象外围单击并按住鼠标左键，拖曳光标在对象上绘制出一条套索线，绘制的套索线必须经过对象，效果如图2-218所示。套索线经过的对象将同时被选中，得到的效果如图2-219所示。

图2-218　　　　　图2-219

5. 使用选择菜单

Illustrator CS6除了提供5种选择工具外，还提供了一个"选择"菜单，如图2-220所示。

图2-220

"全部"命令：可以将Illustrator CS6绘图页面上的所有对象同时选取，不包含隐藏和锁定的对象（组合键为Ctrl+A）。

"现用画板上的全部对象"命令：可以将Illustrator CS6画板上的所有对象同时选取，不包含隐藏和锁定的对象（组合键为Alt+Ctrl+A）。

"取消选择"命令：可以取消所有对象的选取状态（组合键为Shift+Ctrl+A）。

"重新选择"命令：可以重复上一次的选取操作（组合键为Ctrl+6）。

"反向"命令：可以选取文档中除当前被选中的对象之外的所有对象。

"上方的下一个对象"命令：可以选取当前被选中对象之上的对象。

"下方的下一个对象"命令：可以选取当前被选中对象之下的对象。

"相同"子菜单下包含11个命令，即外观命令、外观属性命令、混合模式命令、填色和描边命令、填充颜色命令、不透明度命令、描边颜色命令、描边粗细命令、图形样式命令、符号实例命令和链接块系列命令。

"对象"子菜单下包含10个命令，即同一图层上的所有对象命令、方向手柄命令、没有对齐像素网格、毛刷画笔描边、画笔描边命令、剪切蒙版命令、游离点命令、所有文本对象命令、点状文字对象命令和区域文字对象命令。

"存储所选对象"命令：可以将当前进行的选取操作进行保存。

"编辑所选对象"命令：可以对已经保存的选取操作进行编辑。

2.4.3 对象的比例缩放、移动和镜像

1. 对象的缩放

在Illustrator CS6中可以快速而精确地按比例缩放对象，使设计工作变得更轻松。下面介绍对象按比例缩放的方法。

（1）使用工具箱中的工具缩放对象。

选取要缩放的对象，对象的周围出现控制手柄，如图2-221所示。用鼠标拖曳需要的控制手柄，如图2-222所示，可以缩放对象，效果如图2-223所示。

图2-221　　　　图2-222　　　　图2-223

选取要成比例缩放的对象，再选择"比例缩放"工具 ，对象的中心出现缩放对象的中心控制点，用鼠标在中心控制点上单击并拖曳可以移动中心控制点的位置，如图2-224所示。用鼠标在对象上拖曳可以缩放对象，如图2-225所示。成比例缩放对象的效果如图2-226所示。

图2-224　　　　图2-225　　　　图2-226

（2）使用"变换"控制面板成比例缩放对象。

选择"窗口>变换"命令（组合键为Shift+F8），弹出"变换"控制面板，如图2-227所示。在控制面板中，"宽"选项可以设置对象的宽度，"高"选项可以设置对象的高度。改变宽度和高度值，就可以缩放对象。

（3）使用菜单命令缩放对象。

选择"对象>变换>缩放"命令，弹出"比例缩放"对话框，如图2-228所示。在对话框中，选择"等比"选项可以调节对象成比例缩放，右侧的文本框可以设置对象成比例缩放的百分比数值。选择"不等比"选项可以调节对象不成比例缩放，"水平"选项可以设置对象在水平方向上的缩放百分比，"垂直"选项可以设置对象在垂直方向上的缩放百分比。

图2-227　　　　　　　　图2-228

（4）使用鼠标右键的弹出式命令缩放对象。

在选取的要缩放的对象上单击鼠标右键，弹出快捷菜单，选择"对象>变换>缩放"命令，也可以对对象进行缩放。

2．对象的移动

在Illustrator CS6中，可以快速而精确地移动对象。要移动对象，就要使被移动的对象处于选取状态。

（1）使用工具箱中的工具和键盘移动对象。

选取要移动的对象，效果如图2-229所示。在对象上单击并按住鼠标左键不放，拖曳光标到需要放置对象的位置，如图2-230所示。释放鼠标左键，完成对象的移动操作，效果如图2-231所示。

图2-229　　　　图2-230　　　　图2-231

选取要移动的对象，用键盘上的"方向"键可以微调对象的位置。

（2）使用"变换"控制面板移动对象。

选择"窗口>变换"命令（组合键为Shift+F8），弹出"变换"控制面板，如图2-232所示。在控制面板中，"X"选项可以设置对象在x轴的位置，"Y"选项可以设置对象在y轴的位置。改变x轴和y轴的数值，就可以移动对象。

（3）使用菜单命令移动对象。

选择"对象>变换>移动"命令（组合键为Shift+Ctrl+M），弹出"移动"对话框，如图2-233所示。在对话框中，"水平"选项可以设置对象在水平方向上移动的数值，"垂直"选项可以设置对象在垂直方向上移动的数值，"距离"选项可以设置对象移动的距离，"角度"选项可以设置对象移动或旋转的角度。"复制"按钮用于复制出一个移动对象。

图2-232　　　　　　　　　图2-233

3．对象的镜像

在Illustrator CS6中可以快速而精确地进行镜像操作，以使设计和制作工作更加轻松有效。

（1）使用工具箱中的工具镜像对象。

选取要生成镜像的对象，效果如图2-234所示，选择"镜像"工具，用鼠标拖曳对象进行旋转，出现蓝色虚线，效果如图2-235所示。这样可以实现图形的旋转变换，也就是对象绕自身中心的镜像变换，镜像后的效果如图2-236所示。

图2-234　　　　图2-235　　　　图2-236

用鼠标在绘图页面上任意位置单击，可以确定新的镜像轴标志"＋"的位置，效果如图2-237所示。用鼠标在绘图页面上任意位置再次单击，则单击产生的点与镜像轴标志的连线就作为镜像变换的镜像轴，对象在与镜像轴对称的地方生成镜像，对象的镜像效果如图2-238所示。

图2-237　　　　　　图2-238

🔍 提示

在使用"镜像"工具生成镜像对象的过程中，只能使对象本身产生镜像。要在镜像的位置生成一个对象的复制品，方法很简单，在拖曳鼠标的同时按住Alt键即可。"镜像"工具也可以用于旋转对象。

（2）使用"选择"工具镜像对象。

使用"选择"工具，选取要生成镜像的对象，效果如图2-239所示。按住鼠标左键直接拖曳控制手柄到相对的边，直到出现对象的蓝色虚线，如图2-240所示，释放鼠标左键就可以得到不规则的镜像对象，效果如图2-241所示。

图2-239　　　　图2-240　　　　图2-241

直接拖曳左边或右边中间的控制手柄到相对的边，直到出现对象的蓝色虚线，释放鼠标左键就可以得到原对象的水平镜像。直接拖曳上边或下边中间的控制手柄到相对的边，直到出现对象的蓝色虚线，释放鼠标左键就可以得到原对象的垂直镜像。

技巧

按住Shift键，拖曳边角上的控制手柄到相对的边，对象会成比例地沿对角线方向生成镜像。按住Shift+Alt组合键，拖曳边角上的控制手柄到相对的边，对象会成比例地从中心生成镜像。

（3）使用菜单命令镜像对象。

选择"对象>变换>对称"命令，弹出"镜像"对话框，如图2-242所示。在"轴"选项组中，选择"水平"单选项可以垂直镜像对象，选择"垂直"单选项可以水平镜像对象，选择"角度"单选项可以输入镜像角度的数值；在"选项"选项组中，选择"变换对象"选项，镜像的对象不是图案，选择"变换图案"选项，镜像的对象是图案，"复制"按钮用于在原对象上复制一个镜像的对象。

图2-242

2.4.4　对象的旋转和倾斜变形

1. 对象的旋转

（1）使用工具箱中的工具旋转对象。

使用"选择"工具选取要旋转的对象，将光标移动到旋转控制手柄上，这时的指针变为旋转符号"↰"，效果如图2-243所示。单击鼠标左键，拖动鼠标旋转对象，旋转时对象会出现蓝色虚线，指示旋转方向和角度，效果如图2-244所示。旋转到需要的角度后释放鼠标左键，旋转对象的效果如图2-245所示。

图2-243　　　　图2-244　　　　图2-245

选取要旋转的对象，选择"自由变换"工具，对象的四周会出现控制柄。用鼠标拖曳控制柄，就可以旋转对象。此工具与"选择"工具的使用方法类似。

选取要旋转的对象，选择"旋转"工具，对象的四周出现控制柄。用鼠标拖曳控制柄，就可以旋转对象。对象是围绕旋转中心⊙来旋转的，Illustrator默认的旋转中心是对象的中心点。可以通过改变旋转中心来使对象旋转到新的位置，将光标移动到旋转中心上，单击鼠标左键拖曳旋转中心到需要的位置后，拖曳光标，如图2-246所示，释放鼠标，改变旋转中心后旋转对象的效果如图2-247所示。

图2-246　　　　　　　图2-247

（2）使用"变换"控制面板旋转对象。

选择"窗口>变换"命令，弹出"变换"控制面板。"变换"控制面板的使用方法和"移动对象"中的使用方法相同，这里不再赘述。

（3）使用菜单命令旋转对象。

选择"对象>变换>旋转"命令或双击"旋转"工具，弹出"旋转"对话框，如图2-248所示。在对话框中，"角度"选项可以设置对象旋转的角度。勾选"变换对象"复选项，旋转的对象不是图案；勾选"变换图案"复选项，旋转的对象是图案；"复制"按钮用于在原对象上复制一个旋转对象。

图2-248

2. 对象的倾斜

（1）使用工具箱中的工具倾斜对象。

选取要倾斜的对象，效果如图2-249所示，选择"倾斜"工具，对象的四周出现控制柄。用鼠标拖曳控制手柄或对象，倾斜时对象会出现蓝色的虚线指示倾斜变形的方向和角度，效果如图2-250所示。倾斜到需要的角度后释放鼠标左键，对象的倾斜效果如图2-251所示。

图2-249 　　　图2-250 　　　图2-251

（2）使用"变换"控制面板倾斜对象。

选择"窗口>变换"命令，弹出"变换"控制面板。"变换"控制面板的使用方法和"移动"中的使用方法相同，这里不再赘述。

（3）使用菜单命令倾斜对象。

选择"对象>变换>倾斜"命令，弹出"倾斜"对话框，如图2-252所示。在对话框中，"倾斜角度"选项可以设置对象倾斜的角度。在

"轴"选项组中，选择"水平"单选项，对象可以水平倾斜；选择"垂直"单选项，对象可以垂直倾斜；选择"角度"单选项，可以调节倾斜的角度；"复制"按钮用于在原对象上复制一个倾斜的对象。

图2-252

2.4.5 对象的扭曲变形

在Illustrator CS6中，可以使用变形工具组对需要变形的对象进行扭曲变形，如图2-253所示。

图2-253

1. 使用宽度工具

选择"宽度"工具，将光标放到对象中的适当位置，如图2-254所示，在对象上拖曳光标，如图2-255所示，就可以对对象的描边宽度进行调整，松开鼠标，效果如图2-256所示。

图2-254

图2-255 　　　　图2-256

在宽度点上双击鼠标，弹出"宽度点数编辑"对话框，如图2-257所示，在对话框中"边线1"和"边线2"选项分别设置两条边线的宽度，单击右侧的"按比例宽度调整"按钮链接两条边线，可同时调整其宽度，"总宽度"选项是两条边线的总宽度。"调整邻近的宽度点数"选项可以调整邻近两条边线间的宽度点数。

图2-257

2. 使用变形工具

选择"变形"工具，将光标放到对象中的适当位置，如图2-258所示，在对象上拖曳光标，如图2-259所示，就可以进行扭曲变形操作，效果如图2-260所示。

图2-258　　　　图2-259　　　　图2-260

双击"变形"工具，弹出"变形工具选项"对话框，如图2-261所示。在对话框中的"全局画笔尺寸"选项组中，"宽度"选项可以设置画笔的宽度，"高度"选项可以设置画笔的高度，"角度"选项可以设置画笔的角度，"强度"选项可以设置画笔的强度。在"变形选项"选项组中，勾选"细节"复选项可以控制变形的细节程度，勾选"简化"复选项可以控制变形的简化程度。勾选"显示画笔大小"复选项，在对对象进行变形时会显示画笔的大小。

图2-261

3. 使用旋转扭曲工具

选择"旋转扭曲"工具，将光标放到对象中的适当位置，如图2-262所示，在对象上拖曳光标，如图2-263所示，就可以进行扭转变形操作，效果如图2-264所示。

图2-262　　　　图2-263　　　　图2-264

双击"旋转扭曲"工具，弹出"旋转扭曲工具选项"对话框，如图2-265所示。在"旋转扭曲选项"选项组中，"旋转扭曲速率"选项可以控制扭转变形的比例。对话框中其他选项的功能与"变形工具选项"对话框中的选项功能相同。

图2-265

4. 使用缩拢工具

选择"缩拢"工具，将光标放到对象中的适当位置，如图2-266所示，在对象上拖曳光标，如图2-267所示，就可以进行缩拢变形操作，效果如图2-268所示。

图2-266　　　　图2-267　　　　图2-268

双击"缩拢"工具，弹出"收缩工具选项"对话框，如图2-269所示。在"收缩选项"选项组中，勾选"细节"复选项可以控制变形的细节程度，勾选"简化"复选项可以控制变形的简化程度。对话框中其他选项的功能与"变形工具选项"对话框中的选项功能相同。

图2-269

5. 使用膨胀工具

选择"膨胀"工具 ，将光标放到对象中的适当位置，如图2-270所示，在对象上拖曳光标，如图2-271所示，就可以进行膨胀变形操作，效果如图2-272所示。

图2-270　　　　图2-271　　　　图2-272

双击"膨胀"工具，弹出"膨胀工具选项"对话框，如图2-273所示。在"膨胀选项"选项组中，勾选"细节"复选项可以控制变形的细节程度，勾选"简化"复选项可以控制变形的简化程度。对话框中其他选项的功能与"变形工具选项"对话框中的选项功能相同。

图2-273

6. 使用扇贝工具

选择"扇贝"工具，将光标放到对象中的适当位置，如图2-274所示，在对象上拖曳光标，如图2-275所示，就可以变形对象，效果如图2-276所示。双击"扇贝"工具，弹出"扇贝工具选项"对话框，如图2-277所示。

图2-274　　　　图2-275　　　　图2-276

图2-277

在"扇贝选项"选项组中，"复杂性"选项可以控制变形的复杂性，勾选"细节"复选项可以控制变形的细节程度，勾选"画笔影响锚点"复选项，画笔的大小会影响锚点，勾选"画笔影响内切线手柄"复选项，画笔会影响对象的内切线，勾选"画笔影响外切线手柄"复选项，画笔会影响对象的外切线。对话框中其他选项的功能与"变形工具选项"对话框中的选项功能相同。

7. 使用晶格化工具

选择"晶格化"工具，将光标放到对象中的适当位置，如图2-278所示，在对象上拖曳光标，如图2-279所示，就可以变形对象，效果如图2-280所示。

图2-278　　　　图2-279　　　　图2-280

双击"晶格化"工具 ，弹出"晶格化工具选项"对话框，如图2-281所示。对话框中选项的功能与"扇贝工具选项"对话框中的选项功能相同。

图2-281

8. 使用皱褶工具

选择"皱褶"工具，将光标放到对象中的适当位置，如图2-282所示，在对象上拖曳光标，如图2-283所示，就可以进行褶皱变形操作，效果如图2-284所示。

图2-282　　　　图2-283　　　　图2-284

双击"皱褶"工具，弹出"皱褶工具选项"对话框，如图2-285所示。在"皱褶选项"选项组中，"水平"选项可以控制变形的水平比例，"垂直"选项可以控制变形的垂直比例。对话框中其他选项的功能与"扇贝工具选项"对话框中的选项功能相同。

图2-285

2.4.6　复制和删除对象

1. 复制对象

在Illustrator CS6中可以采取多种方法复制对象。下面介绍复制对象的多种方法。

（1）使用"编辑"菜单命令复制对象。

选取要复制的对象，效果如图2-286所示。选择"编辑>复制"命令（组合键为Ctrl+C），对象的副本将被放置在剪贴板中。

选择"编辑>粘贴"命令（组合键为Ctrl+V），对象的副本将被粘贴到要复制对象的旁边，复制的效果如图2-287所示。

图2-286　　　　　　图2-287

（2）使用鼠标右键弹出式命令复制对象。

选取要复制的对象，在对象上单击鼠标右键，弹出快捷菜单，选择"变换>移动"命令，弹出"移动"对话框，如图2-288所示。单击"复制"按钮，可以在选中的对象上面复制一个对象，效果如图2-289所示。

接着在对象上再次单击鼠标右键，弹出快捷

菜单，选择"变换>再次变换"命令（组合键为Ctrl+D），对象按"移动"对话框中的设置再次进行复制，效果如图2-290所示。

图2-288

图2-289　　　　　　图2-290

（3）使用拖曳光标的方式复制对象。

选取要复制的对象，按住Alt键，在对象上拖曳光标，出现对象的蓝色虚线效果，移动到需要的位置，释放鼠标左键，复制出一个选取对象。

也可以在两个不同的绘图页面中复制对象，使用鼠标拖曳其中一个绘图页面中的对象到另一个绘图页面中，释放鼠标左键完成复制。

2．删除对象

在Illustrator CS6中，删除对象的方法很简单，下面介绍删除不需要对象的方法。

选中要删除的对象，选择"编辑>清除"命令（快捷键为Delete），就可以将选中的对象删除。如果想删除多个或全部的对象，首先要选取这些对象，再执行"清除"命令。

2.4.7　撤销和恢复对象的操作

在进行设计的过程中，可能会出现错误的操作，下面介绍撤销和恢复对象的操作。

1．撤销对象的操作

选择"编辑>还原"命令（组合键为Ctrl+Z），可以还原上一次的操作。连续按组合键，可以连续还原原来操作的命令。

2．恢复对象的操作

选择"编辑>重做"命令（组合键为Shift+Ctrl+Z），可以恢复上一次的操作。如果连续按两次组合键，即恢复两步操作。

2.4.8　对象的剪切

选中要剪切的对象，选择"编辑>剪切"命令（组合键为Ctrl+X），对象将从页面中删除并被放置在剪贴板中。

2.4.9　使用"路径查找器"控制面板编辑对象

在Illustrator CS6中编辑图形时，"路径查找器"控制面板是常用的工具。它包含了一组功能强大的路径编辑命令。使用"路径查找器"控制面板可以将许多简单的路径经过特定的运算之后形成各种复杂的路径。

选择"窗口>路径查找器"命令（组合键为Shift+Ctrl+F9），弹出"路径查找器"控制面板，如图2-291所示。

图2-291

1．认识"路径查找器"控制面板的按钮

在"路径查找器"控制面板的"形状模式"选项组中有5个按钮，从左至右分别是"联集"按钮、"减去顶层"按钮、"交集"按钮、"差集"按钮和"扩展"按钮。前4个按钮可以通过不同的组合方式在多个图形间制作出对应

的复合图形，而"扩展"按钮则可以把复合图形转变为复合路径。

在"路径查找器"选项组中有6个按钮，从左至右分别是"分割"按钮🔳、"修边"按钮🔳、"合并"按钮🔳、"裁剪"按钮🔳、"轮廓"按钮🔳和"减去后方对象"按钮🔳。这组按钮主要是把对象分解成各个独立的部分，或删除对象中不需要的部分。

2. 使用"路径查找器"控制面板

（1）"联集"按钮🔳。

在绘图页面中绘制两个图形对象，如图2-292所示。选中两个对象，如图2-293所示，单击"联集"按钮🔳，从而生成新的对象，取消选取状态后的效果如图2-294所示。新对象的填充和描边属性与位于顶部的对象的填充和描边属性相同。

图2-292　　　　图2-293　　　　图2-294

（2）"减去顶层"按钮🔳。

在绘图页面中绘制两个图形对象，如图2-295所示。选中这两个对象，如图2-296所示，单击"减去顶层"按钮🔳，从而生成新的对象，取消选取状态后的效果如图2-297所示。与形状区域相减命令可以在最下层对象的基础上，将被上层的对象挡住的部分和上层的所有对象同时删除，只剩下最下层对象的剩余部分。

图2-295　　　　图2-296　　　　图2-297

（3）"交集"按钮🔳。

在绘图页面中绘制两个图形对象，如图2-298所示。选中这两个对象，如图2-299所示，单击"交集"按钮🔳，从而生成新的对象，取消

选取状态后的效果如图2-300所示。与形状区域相交命令可以将图形没有重叠的部分删除，而仅仅保留重叠部分。所生成的新对象的填充和描边属性与位于顶部的对象的填充和描边属性相同。

图2-298　　　　图2-299　　　　图2-300

（4）"差集"按钮🔳。

在绘图页面中绘制两个图形对象，如图2-301所示。选中这两个对象，如图2-302所示，单击"差集"按钮🔳，从而生成新的对象，取消选取状态后的效果如图2-303所示。排除重叠形状区域命令可以删除对象间重叠的部分。所生成的新对象的填充和笔画属性与位于顶部的对象的填充和描边属性相同。

图2-301　　　　图2-302　　　　图2-303

（5）"分割"按钮🔳。

在绘图页面中绘制两个图形对象，如图2-304所示。选中这两个对象，如图2-305所示，单击"分割"按钮🔳，从而生成新的对象，取消编组并分别移动图像，取消选取状态后的效果如图2-306所示。分割命令可以分离相互重叠的图形，而得到多个独立的对象。所生成的新对象的填充和笔画属性与位于顶部的对象的填充和描边属性相同。

图2-304　　　　图2-305　　　　图2-306

（6）"修边"按钮 。

在绘图页面中绘制两个图形对象，如图2-307所示。选中这两个对象，如图2-308所示，单击"修边"按钮 ，从而生成新的对象，取消编组并分别移动图像，取消选取状态后的效果如图2-309所示。修边命令对于每个单独的对象而言，均被裁减分成包含重叠区域的部分和重叠区域之外的部分，新生成的对象保持原来的填充属性。

图2-307　　　图2-308　　　图2-309

（7）"合并"按钮 。

在绘图页面中绘制两个图形对象，如图2-310所示。选中这两个对象，如图2-311所示，单击"合并"按钮 ，从而生成新的对象，取消编组并分别移动图像，取消选取状态后的效果如图2-312所示。如果对象的填充和描边属性都相同，合并命令将把所有的对象组成一个整体后合为一个对象，但对象的描边色将变为没有；如果对象的填充和笔画属性都不相同，则合并命令就相当于"裁剪"按钮 的功能。

图2-310　　　图2-311　　　图2-312

（8）"裁剪"按钮 。

在绘图页面中绘制两个图形对象，如图2-313所示。选中这两个对象，如图2-314所示，单击"裁剪"按钮 ，从而生成新的对象，取消选取状态后的效果如图2-315所示。裁剪命令的工作原理和蒙版相似，对重叠的图形来说，修剪命令可以把所有放在最前面对象之外的图形部分修剪掉，同时最前面的对象本身将消失。

图2-313　　　图2-314　　　图2-315

（9）"轮廓"按钮 。

在绘图页面中绘制两个图形对象，如图2-316所示。选中这两个对象，如图2-317所示，单击"轮廓"按钮 ，从而生成新的对象，取消选取状态后的效果如图2-318所示。轮廓命令勾勒出所有对象的轮廓。

图2-316　　　图2-317　　　图2-318

（10）减去后方对象按钮 。

在绘图页面中绘制两个图形对象，如图2-319所示。选中这两个对象，如图2-320所示，单击"减去后方对象"按钮 ，从而生成新的对象，取消选取状态后的效果如图2-321所示。减去后方对象命令可以使位于最底层的对象裁减去位于该对象之上的所有对象。

图2-319　　　图2-320　　　图2-321

课堂练习——绘制创意铅笔

【**练习知识要点**】使用矩形工具绘制矩形；使用圆角矩形工具、矩形工具和镜像命令制作铅笔图形；使用新建画笔命令定义画笔；使用文字工具添加标题文字，效果如图2-322所示。

【**效果所在位置**】Ch02/效果/绘制创意铅笔.ai。

图2-322

课后习题——绘制校车

【**习题知识要点**】使用圆角矩形工具、星形工具、椭圆工具绘制图形；使用镜像工具制作图形对称效果，如图2-323所示。

【**效果所在位置**】Ch02/效果/绘制校车.ai。

图2-323

第 *3* 章

路径的绘制与编辑

本章介绍

　　本章将讲解Illustrator CS6中路径的相关知识和钢笔工具的使用方法，以及运用各种方法对路径进行绘制和编辑。通过对本章内容的学习，读者可以运用强大的路径工具绘制出需要的自由曲线及图形。

学习目标

◆ 了解路径和锚点的相关知识。
◆ 掌握钢笔工具的使用方法。
◆ 掌握路径的编辑技巧。
◆ 掌握路径命令的使用方法。

技能目标

◆ 掌握"汽车标志"的绘制方法。
◆ 掌握"婴儿贴"的绘制方法。

3.1 认识路径和锚点

路径是使用绘图工具创建的直线、曲线或几何形状对象,是组成所有线条和图形的基本元素。Illustrator CS6提供了多种绘制路径的工具,如钢笔工具、画笔工具、铅笔工具、矩形工具和多边形工具等。路径可以由一个或多个路径组成,即由锚点连接起来的一条或多条线段组成。路径本身没有宽度和颜色,当对路径添加了描边后,路径才跟随描边的宽度和颜色具有了相应的属性。选择"图形样式"控制面板,可以为路径更改不同的样式。

3.1.1 路径

1. 路径的类型

为了满足绘图的需要,Illustrator CS6中的路径又分为开放路径、闭合路径和复合路径3种类型。

开放路径的两个端点没有连接在一起,如图3-1所示。在对开放路径进行填充时,Illustrator CS6会假定路径两端已经连接起来形成了闭合路径而对其进行填充。

闭合路径没有起点和终点,是一条连续的路径。可对其进行内部填充或描边填充,如图3-2所示。

图3-1　　　　　图3-2

复合路径是将几个开放或闭合路径进行组合而形成的路径,如图3-3所示。

图3-3

2. 路径的组成

路径由锚点和线段组成,可以通过调整路径上的锚点或线段来改变它的形状。在曲线路径上,每一个锚点有一条或两条控制线,曲线中间的锚点有两条控制线,曲线端点的锚点有一条控制线。控制线总是与曲线上锚点所在的圆相切,控制线呈现的角度和长度决定了曲线的形状。控制线的端点称为控制点,可以通过调整控制点来对整个曲线进行调整,如图3-4所示。

线段
控制线
锚点
控制线
控制点

图3-4

3.1.2 锚点

1. 锚点的基本概念

锚点是构成直线或曲线的基本元素。在路径上可任意添加和删除锚点。通过调整锚点可以调整路径的形状,也可以通过锚点的转换来进行直线与曲线之间的转换。

2. 锚点的类型

Illustrator CS6中的锚点分为平滑点和角点两种类型。

平滑点是两条平滑曲线连接处的锚点。平滑点可以使两条线段连接成一条平滑的曲线,平滑点使路径不会突然改变方向。每一个平滑点有两条相对应的控制线，如图3-5所示。

　　角点所处的地点，路径形状会急剧地改变。角点可分为3种类型。

　　直线角点：两条直线以一个很明显的角度形成的交点。这种锚点没有控制线，如图3-6所示。

曲线角点：两条方向各异的曲线相交的点。这种锚点有两条控制线，如图3-7所示。

　　复合角点：一条直线和一条曲线的交点。这种锚点有一条控制线，如图3-8所示。

图3-5　　　　　　　　图3-6

图3-7　　　　　　　　图3-8

3.2　使用钢笔工具

　　Illustrator CS6中的钢笔工具是一个非常重要的工具。使用钢笔工具可以绘制直线、曲线和任意形状的路径，可以对线段进行精确的调整，使其更加完美。

3.2.1　课堂案例——绘制汽车标志

　　【案例学习目标】学习使用路径的绘制命令和路径查找器面板绘制汽车标志。

　　【案例知识要点】使用钢笔工具、矩形工具和椭圆工具绘制标志线形；使用路径查找器面板编辑车轮图形；使用文字工具添加标志文字，效果如图3-9所示。

　　【效果所在位置】Ch03/效果/绘制汽车标志.ai。

图3-9

　　（1）按Ctrl+N组合键新建一个文档，宽度为210mm，高度为297mm，颜色模式为CMYK，单击"确定"按钮。

　　（2）选择"钢笔"工具，在页面中单击并按住鼠标左键拖曳光标来确定曲线的起点。移动光标到需要的位置，再次单击并按住鼠标左键进行拖曳，出现了一条曲线段，如图3-10所示。在第二个锚点上单击，如图3-11所示。用"钢笔"工具绘制其他锚点，设置图形填充色为无，设置描边色为黑色，效果如图3-12所示。用相同的方法绘制其他图形，效果如图3-13所示。

图3-10　　　　　　图3-11

图3-12

图3-13

（3）选择"矩形"工具▣，在适当的位置绘制矩形，设置图形填充色为无，设置描边色为黑色，效果如图3-14所示。用相同的方法绘制其他图形，效果如图3-15所示。

图3-14

图3-15

（4）选择"椭圆"工具◉，在按住Shift键的同时绘制圆形，设置图形填充色为无，设置描边色为黑色，效果如图3-16所示。选择"选择"工具▸，选取绘制的圆形，按Ctrl+C组合键复制圆形，按Shift+Ctrl+V组合键原位粘贴图形，效果如图3-17所示。按住Alt+Shift键的同时，等比例缩小圆形，效果如图3-18所示。用相同的方法绘制其他图形，效果如图3-19所示。

图3-16

图3-17

图3-18

图3-19

（5）选择"窗口 > 路径查找器"命令，弹出"路径查找器"面板，选择"选择"工具▸，按住Shift键的同时，选取需要的图形，如图3-20所示。单击"路径查找器"面板中的"减去顶层"按钮▣，将图形修剪，效果如图3-21所示。

图3-20

图3-21

（6）用相同的方法制作其他图形，效果如图3-22所示。选择"选择"工具▸，选取绘制的圆形，按Ctrl+C组合键复制圆形，按Shift+Ctrl+V组合键原位粘贴图形，按住Alt+Shift键的同时，等比例缩小圆形，效果如图3-23所示。

（7）选择"选择"工具▸，选取需要的图形，如图3-24所示，单击"路径查找器"面板中的"减去顶层"按钮▣，将图形修剪，效果如图3-25所示。

图3-22

图3-23　　　　图3-24

图3-25

（8）选择"椭圆"工具，按住Shift键的同时，绘制圆形，设置图形填充色为无，设置描边色为黑色，效果如图3-26所示。用上述方法制作其他图形，效果如图3-27所示。

图3-26

图3-27

（9）选择"选择"工具，分别选取所需的图形，填充适当的颜色，效果如图3-28所示。选择"矩形"工具，在适当的位置绘制矩形，设置图形填充色为黑色，并设置描边色为无，效果如图3-29所示。

图3-28

图3-29

（10）选择"选择"工具，按住Alt+Shift组合键的同时，向下拖曳图形到适当的位置，复制矩形，效果如图3-30所示。

（11）选择"文字"工具，在适当的位置输入需要的文字。选择"选择"工具，在属性栏中选择合适的字体并设置适当的文字大小，效果如图3-31所示。汽车标志绘制完成。

图3-30

SUPER BEETLE

图3-31

3.2.2　绘制直线

选择"钢笔"工具，在页面中单击鼠标确定直线的起点，如图3-32所示。移动鼠标到需要的位置，再次单击鼠标确定直线的终点，如图3-33所示。

在需要的位置连续单击确定其他的锚点，就可以绘制出折线的效果，如图3-34所示。如果单击折线上的锚点，该锚点会被删除，折线的另外两个锚点将自动连接，如图3-35所示。

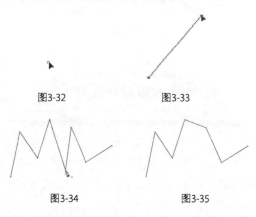

图3-32　　　　　　图3-33

图3-34　　　　　　图3-35

3.2.3　绘制曲线

选择"钢笔"工具，在页面中单击并按住鼠标左键拖曳光标来确定曲线的起点。起点的两端分别出现了一条控制线，释放鼠标，如图3-36所示。

移动光标到需要的位置，再次单击并按住鼠标左键进行拖曳，出现了一条曲线段。拖曳光标的同时，第2个锚点两端也出现了控制线。按住鼠标不放，随着光标的移动，曲线段的形状也随之发生变化，如图3-37所示。释放鼠标，移动光标继续绘制。

图3-36　　　　　　图3-37

如果连续地单击并拖曳鼠标，可以绘制出一些连续平滑的曲线，如图3-38所示。

图3-38

3.2.4　绘制复合路径

钢笔工具不但可以绘制单纯的直线或曲线，还可以绘制既包含直线又包含曲线的复合路径。

复合路径是指由两个或两个以上的开放或封闭路径所组成的路径。在复合路径中，路径间重叠在一起的公共区域被镂空，呈透明的状态，如图3-39和图3-40所示。

图3-39　　　　　　图3-40

1.　制作复合路径

（1）使用命令制作复合路径。

绘制两个图形，并选中这两个图形对象，效果如图3-41所示。选择"对象 > 复合路径 > 建立"命令（组合键为Ctrl+8），可以看到两个对象成为复合路径后的效果，如图3-42所示。

图3-41　　　　　　图3-42

（2）使用弹出式菜单制作复合路径。

绘制两个图形，并选中这两个图形对象，用鼠标右键单击选中的对象，在弹出的菜单中选择"建立复合路径"命令，两个对象成为复合路径。

2．复合路径与编组的区别

虽然使用"编组选择"工具 ⬚ 也能将组成复合路径的各个路径单独选中，但复合路径和编组是有区别的。编组是一组组合在一起的对象，其中的每个对象都是独立的，各个对象可以有不同的外观属性；而所有包含在复合路径中的路径都被认为是一条路经，整个复合路径中只能有一种填充和描边属性。复合路径与编组的差别如图3-43和图3-44所示。

3．释放复合路径

（1）使用命令释放复合路径。

选中复合路径，选择"对象 > 复合路径 > 释放"命令（组合键为Alt+Shift+Ctrl+8），可以释放复合路径。

图3-43　　　　　　　图3-44

（2）使用弹出式菜单制作复合路径。

选中复合路径，在绘图页面上单击鼠标右键，在弹出的菜单中选择"释放复合路径"命令，可以释放复合路径。

3.3 ▶ 编辑路径

在Illustrator CS6的工具箱中包括了很多路径编辑工具，可以应用这些工具对路径进行变形、转换和剪切等编辑操作。

3.3.1 添加、删除、转换锚点

用鼠标按住"钢笔"工具 ⬚ 不放，将展开钢笔工具组，如图3-45所示。

图3-45

1．添加锚点

绘制一段路径，如图3-46所示。选择"添加锚点"工具 ⬚，在路径上面的任意位置单击，路径上就会增加一个新的锚点，如图3-47所示。

图3-46　　　　　　　图3-47

2．删除锚点

绘制一段路径，如图3-48所示。选择"删除锚点"工具 ⬚，在路径上面的任意一个锚点上单击，该锚点就会被删除，如图3-49所示。

图3-48　　　　　　　图3-49

3．转换锚点

绘制一段闭合的椭圆形路径，如图3-50所示。选择"转换锚点"工具 ⬚，单击路径上的锚点，锚点就会被转换，如图3-51所示。拖曳锚点可以编辑路径的形状，效果如图3-52所示。

图3-50　　　　　　　图3-51

图3-52

3.3.2　使用剪刀、刻刀工具

1. 剪刀工具

绘制一段路径，如图3-53所示。选择"剪刀"工具，单击路径上任意一点，路径就会从单击的地方被剪切为两条路径，如图3-54所示。按键盘上"方向"键中的"向下"键，移动剪切的锚点，即可看见剪切后的效果，如图3-55所示。

图3-53　　　　　　　图3-54

图3-55

2. 刻刀工具

绘制一段闭合路径，如图3-56所示。选择

"刻刀"工具，在需要的位置单击并按住鼠标左键从路径的上方至下方拖曳出一条线，如图3-57所示，释放鼠标左键，闭合路径被裁切为两个闭合路径，效果如图3-58所示。选择"选择"工具，选中路径的右半部，按键盘上的"方向"键中的"向右"键，移动路径，如图3-59所示。可以看见路径被裁切为两部分，效果如图3-60所示。

图3-56　　　　　　　图3-57

图3-58　　　　　　　图3-59

图3-60

3.4　使用路径命令

在Illustrator CS6中，除了能够使用工具箱中的各种编辑工具对路径进行编辑外，还可以应用路径菜单中的命令对路径进行编辑。选择"对象 > 路径"子菜单，其中包括10个编辑命令，分别是"连接"命令、"平均"命令、"轮廓化描边"命令、"偏移路径"命令、"简化"命令、"添加锚点"命令、"移去描点"命令、"分割下方对象"命令、"分割为网格"命令和"清理"命令，如图3-61所示。

连接(J)	Ctrl+J
平均(V)...	Alt+Ctrl+J
轮廓化描边(U)	
偏移路径(O)...	
简化(M)...	
添加锚点(A)	
移去锚点(R)	
分割下方对象(D)	
分割为网格(S)...	
清理(C)...	

图3-61

3.4.1 课堂案例——绘制婴儿贴

【案例学习目标】学习使用绘图工具、路径命令绘制婴儿贴。

【案例知识要点】使用多边形工具、圆角命令制作婴儿贴底部；使用偏移路径命令创建外部路径；使用椭圆工具、简化命令制作腮红；使用文字工具添加文字，效果如图3-62所示。

【效果所在位置】Ch03/效果/绘制婴儿贴.ai。

图3-62

1. 绘制底部

（1）按Ctrl+N组合键新建一个文档，宽度为285mm，高度为210mm，取向为横向，颜色模式为CMYK，单击"确定"按钮。

（2）选择"多边形"工具圆，在页面中单击鼠标左键，弹出"多边形"对话框，选项的设置如图3-63所示，单击"确定"按钮，出现一个三角形，如图3-64所示。设置图形填充色的C、M、Y、K值分别为0、15、45、0，填充图形，并设置描边色为无，效果如图3-65所示。

（3）选择"效果 > 风格化 > 圆角"命令，在弹出的对话框中进行设置，如图3-66所示，单击"确定"按钮，效果如图3-67所示。选择"对象 > 扩展外观"命令，扩展图形外观，效果如图3-68所示。

图3-63

图3-64 图3-65

图3-66

图3-67 图3-68

（4）选择"对象 > 路径 > 偏移路径"命令，在弹出的"偏移路径"对话框中进行设置，如图3-69所示，单击"确定"按钮。设置图形填充色的C、M、Y、K值分别为77、0、20、0，填充图形，效果如图3-70所示。

（5）选择"钢笔"工具，在适当的位置绘制一个不规则图形，设置图形填充色的C、M、Y、K值分别为30、0、5、0，填充图形，并设置描边色为无，效果如图3-71所示。

图3-69

图3-70 图3-71

（6）选择"对象 > 路径 > 偏移路径"命令，在弹出的"偏移路径"对话框中进行设置，如图3-72所示，单击"确定"按钮，填充图形为白色，效果如图3-73所示。

图3-72

图3-73

2. 绘制婴儿头像

（1）选择"椭圆"工具，按住Shift键的同时，在适当的位置分别绘制3个圆形，如图3-74所示。选择"钢笔"工具，在适当的位置绘制一个不规则图形，如图3-75所示。

图3-74　　　　　　图3-75

（2）按Ctrl+C组合键，复制图形，按Ctrl+F组合键，将复制的图形粘贴在前面。按Ctrl+X组合键，剪切图形。选择"选择"工具，按住Shift键的同时，将所绘制的图形同时选取，如图3-76所示。

图3-76

（3）选择"窗口 > 路径查找器"命令，弹出"路径查找器"面板，单击"联集"按钮，如图3-77所示，生成新的对象，效果如图3-78所示。设置图形填充色的C、M、Y、K值分别为6、16、30、0，填充图形，并设置描边色为无，效果如图3-79所示。

图3-77

图3-78　　　　　　图3-79

（4）选择"对象 > 路径 > 偏移路径"命令，在弹出的"偏移路径"对话框中进行设置，如图3-80所示，单击"确定"按钮，填充图形为白色，效果如图3-81所示。

图3-80

图3-81

（5）按Ctrl+Shift+V组合键，将复制的图形原位粘贴，设置图形填充色的C、M、Y、K值分别为53、70、100、20，填充图形，并设置描边色为无，效果如图3-82所示。

图3-82

（6）选择"椭圆"工具，按住Shift键的同时，在适当的位置绘制一个圆形，填充图形为黑色，并设置描边色为无，效果如图3-83所示。选择"选择"工具，按住Alt+Shift组合键的同时，水平向右拖曳图形到适当的位置，复制图形，效果如图3-84所示。

图3-83　　　　　图3-84

（7）选择"钢笔"工具，在适当的位置绘制一个不规则图形，设置图形填充色的C、M、Y、K值分别为71、84、61、15，填充图形，并设置描边色为无，效果如图3-85所示。

（8）选择"椭圆"工具，按住Shift键的同时，在适当的位置绘制一个圆形，设置图形填充

色的C、M、Y、K值分别为10、43、25、0，填充图形，并设置描边色为无，效果如图3-86所示。

图3-85　　　　　图3-86

（9）选择"对象 > 路径 > 简化"命令，在弹出的"简化"对话框中进行设置，如图3-87所示，单击"确定"按钮，效果如图3-88所示。

图3-87

图3-88

（10）选择"选择"工具，按住Alt+Shift组合键的同时，水平向右拖曳图形到适当的位置，复制图形，效果如图3-89所示。按住Shift键的同时，将所绘制的图形同时选取，如图3-90所示。

图3-89　　　　　图3-90

（11）双击"旋转"工具，弹出"旋转"对话框，选项的设置如图3-91所示，单击"确定"按钮，效果如图3-92所示。

图3-91

图3-92

（12）选择"文字"工具 T，在适当的位置输入需要的文字，选择"选择"工具 ，在属性栏中选择合适的字体并设置文字大小，按Alt+↑组合键，调整文字行距，效果如图3-93所示。设置文字填充色的C、M、Y、K值分别为77、0、20、0，填充文字，效果如图3-94所示。婴儿贴绘制完成。

图3-93   图3-94

3.4.2 使用"连接"命令

"连接"命令可以将开放路径的两个端点用一条直线段连接起来，从而形成新的路径。如果连接的两个端点在同一条路径上，将形成一条新的闭合路径；如果连接的两个端点在不同的开放路径上，将形成一条新的开放路径。

选择"直接选择"工具 ，用圈选的方法选择要进行连接的两个端点，如图3-95所示。选择"对象 > 路径 > 连接"命令（组合键为Ctrl+J），两个端点之间出现一条直线段，把开放

路径连接起来，效果如图3-96所示。

图3-95   图3-96

> **提示**
>
> 如果在两条路径间进行连接，这两条路径必须属于同一个组。文本路径中的终止点不能连接。

3.4.3 使用"平均"命令

"平均"命令可以将路径上的所有点按一定的方式平均分布，可以制作出对称的图案。

选择"直接选择"工具 ，选择要平均分布处理的锚点，如图3-97所示。选择"对象 > 路径 > 平均"命令（组合键为Ctrl+Alt+J），弹出"平均"对话框，对话框中包括3个选项，如图3-98所示。"水平"单选项可以将选定的锚点按水平方向进行平均分布处理，选中如图3-97所示的锚点，在"平均"对话框中，选择"水平"单选项，单击"确定"按钮，选中的锚点将在水平方向进行对齐，效果如图3-99所示；"垂直"单选项可以将选定的锚点按垂直方向进行平均分布处理，图3-100所示为选择"垂直"单选项，单击"确定"按钮后选中的锚点的效果；"两者兼有"单选项可以将选定的锚点按水平和垂直两种方向进行平均分布处理，图3-101所示为选择"两者兼有"单选项，单击"确定"按钮后选中的锚点效果。

图3-97   图3-98

图3-99　　　　图3-100　　　　图3-101

3.4.4　使用"轮廓化描边"命令

"轮廓化描边"命令可以在已有描边的两侧创建新的路径。可以理解为新路径由两条路径组成，这两条路径分别是原来对象描边两侧的边缘。不论对开放路径还是对闭合路径使用"轮廓化描边"命令，得到的都将是闭合路径。在Illustrator CS6中，渐变命令不能应用在对象的描边上，但应用"轮廓化描边"命令制作出新图形后，渐变命令就可以应用在原来对象的描边上。

使用"铅笔"工具 绘制出一条路径。选中路径对象，如图3-102所示。选择"对象 > 路径 > 轮廓化描边"命令，创建对象的描边轮廓，效果如图3-103所示。应用渐变命令为描边轮廓填充渐变色，效果如图3-104所示。

图3-102　　　　　　　图3-103

图3-104

3.4.5　使用"偏移路径"命令

"偏移路径"命令可以围绕着已有路径的外部或内部勾画一条新的路径，新路径与原路径之间偏移的距离可以按需要设置。

选中要偏移的对象，如图3-105所示。选择

"对象 > 路径 > 偏移路径"命令，弹出"偏移路径"对话框，如图3-106所示。"位移"选项用来设置偏移的距离，设置的数值为正，新路径在原始路径的外部；设置的数值为负，新路径在原始路径的内部。"连接"选项可以设置新路径拐角上不同的连接方式。"斜接限制"选项会影响到连接区域的大小。

设置"位移"选项中的数值为正时，偏移效果如图3-107所示。设置"位移"选项中的数值为负时，偏移效果如图3-108所示。

图3-105　　　　　　　图3-106

图3-107　　　　　　　图3-108

3.4.6　使用"简化"命令

"简化"命令可以在尽量不改变图形原始形状的基础上删去多余的锚点来简化路径，为修改和编辑路径提供了方便。

选中要简化的对象，可以看见对象上存在着大量的锚点，效果如图3-109所示。选择"对象 > 路径 > 简化"命令，弹出"简化"对话框，如图3-110所示。在对话框中，"曲线精度"选项可以设置路径简化的精度。"角度阈值"选项用来处理尖锐的角点。勾选"直线"复选项，将在每对锚点间绘制一条直线。勾选"显示原路径"复选项，在预览简化后的效果时，将显示出原始路径以作对比。设置完成后，单击"确定"按钮，进行简化后的路径与原始图像相比，外观更加平滑，路径上的锚点数目

也减少了，效果如图3-111所示。

图3-109

图3-110

图3-111

3.4.7　使用"添加锚点"命令

　　"添加锚点"命令可以给选定的路径增加锚点，执行一次该命令可以在两个相邻的锚点中间添加一个锚点。重复该命令，可以添加上更多的锚点。

　　选中要添加锚点的对象，如图3-112所示。选择"对象 > 路径 > 添加锚点"命令，添加锚点后的效果如图3-113所示。重复多次"添加锚点"命令，得到的效果如图3-114所示。

图3-112

图3-113

图3-114

3.4.8　使用"分割下方对象"命令

　　"分割下方对象"命令可以使用已有的路径切割位于它下方的封闭路径。

　　（1）用开放路径分割对象。

　　选择一个对象作为被切割对象，如图3-115所示。制作一个开放路径作为切割对象，将其放在被切割对象之上，如图3-116所示。选择"对象 > 路径 > 分割下方对象"命令，切割后，移动对象得到新的切割后的对象，效果如图3-117所示。

图3-115　　　　　　　图3-116

图3-117

　　（2）用闭合路径分割对象。

　　选择一个对象作为被切割对象，如图3-118所示。制作一个闭合路径作为切割对象，将其放在被切割对象之上，如图3-119所示。选择"对象 > 路径 > 分割下方对象"命令。切割后，移动对象得到新的切割后的对象，效果如图3-120所示。

图3-118

图3-119

图3-120

3.4.9 使用"分割为网格"命令

选择一个对象，如图3-121所示。选择"对象 > 路径 > 分割为网格"命令，弹出"分割为网格"对话框，如图3-122所示。在对话框的"行"选项组中，"数量"选项可以设置对象的行数，"高度"选项设置每个矩形图形的高度，"栏间距"选项设置矩形图形之间的行间距，"总计"选项设置所有矩形组的高度；"列"选项组中，"数量"选项可以设置对象的列数，"宽度"选项设置矩形的宽度，"间距"选项设置矩形图形之间的列间距，"总计"选项设置矩形图形组的宽度。单击"确定"按钮，效果如图3-123所示。

图3-121

图3-122

图3-123

3.4.10 使用"清理"命令

"清理"命令可以为当前的文档删除3种多余的对象：游离点、未上色对象和空文本路径。

选择"对象 > 路径 > 清理"命令，弹出"清理"对话框，如图3-124所示。在对话框中，勾选"游离点"复选项，可以删除所有的游离点。游离点是一些有路径属性并且不能打印的点，使用钢笔工具有时会导致游离点的产生。勾选"未上色对象"复选项，可以删除所有没有填充色和笔画色的对象，但不能删除蒙版对象。勾选"空文本路径"复选项，可以删除所有没有字符的文本路径。

图3-124

设置完成后，单击"确定"按钮。系统将会自动清理当前文档。如果文档中没有上述类型的对象，就会弹出一个提示对话框，提示当前文档不需清理，如图3-125所示。

图3-125

课堂练习——绘制咖啡馆标志

【**练习知识要点**】使用椭圆工具和路径查找器命令绘制标志底图；使用路径查找器面板和复合路径命令绘制装饰图形；使用钢笔工具绘制手和杯子图形，效果如图3-126所示。

【**素材所在位置**】Ch03/素材/绘制咖啡馆标志/01。

【**效果所在位置**】Ch03/效果/绘制咖啡馆标志.ai。

图3-126

课后习题——绘制汉堡图标

【**习题知识要点**】使用矩形工具和偏移路径命令制作图标背景效果；使用圆角矩形工具、钢笔工具和路径查找器面板制作汉堡图形，效果如图3-127所示。

【**效果所在位置**】Ch03/效果/绘制汉堡图标.ai。

图3-127

第 4 章

图像对象的组织

本章介绍

　　Illustrator CS6的功能包括对象的对齐与分布、前后顺序、编组、锁定与隐藏对象等。这些特性对组织图形对象而言是非常有用的。本章将主要讲解对象的排列、编组以及控制对象等内容。通过学习本章的内容，读者可以高效、快速地对齐、分布、组合和控制多个对象，使对象在页面中更加有序，使工作更加得心应手。

学习目标

◆ 掌握对齐和分布对象的方法。

◆ 掌握调整对象和图层顺序的技巧。

◆ 熟练掌握对象的编组方法。

◆ 掌握控制对象的技巧。

技能目标

◆ 掌握"游戏界面"的制作方法。

应用"对齐"控制面板可以快速有效地对齐或分布多个图形。选择"窗口 > 对齐"命令，弹出"对齐"控制面板，如图4-1所示。单击控制面板右上方的图标，在弹出的菜单中选择"显示选项"命令，弹出"分布间距"选项组，如图4-2所示。

图4-1　　　　　　　　　　图4-2

命令介绍

对齐命令：应用"对齐"控制面板可以快速有效地对齐或分布多个图形。

4.1.1　课堂案例——制作游戏界面

【**案例学习目标**】学习使用路径查找器和对齐面板制作游戏界面海报。

【**案例知识要点**】使用渐变工具、钢笔工具、变换工具、文字工具和路径查找器命令绘制图形；使用对齐面板命令对齐图形，效果如图4-3所示。

【**效果所在位置**】Ch04/效果/制作游戏界面.ai。

图4-3

（1）按Ctrl+N组合键新建一个文档，宽度为297mm，高度为210mm，取向为竖向，颜色模式为CMYK，单击"确定"按钮。

（2）选择"矩形"工具，在适当的位置绘制矩形，如图4-4所示。双击"渐变"工具，弹出"渐变"控制面板，在色带上设置3个渐变滑块，分别将渐变滑块的位置设置为0、55、100，并设置C、M、Y、K的值分别为0（89、63、0、0）、55（65、3、0、0）、100（89、63、0、0），其他选项的设置如图4-5所示。图形被填充为渐变色，并设置描边色为无，效果如图4-6所示。

图4-4　　　　　图4-5　　　　　图4-6

（3）选择"钢笔"工具，在适当的位置绘制不规则图形，填充图形为白色，并设置描边色为无，效果如图4-7所示。选择"对象 > 变换 > 对称"命令，在弹出的"镜像"对话框中进行设置，如图4-8所示。单击"复制"按钮，效果如图4-9所示。拖曳复制的图形到适当的位置，如图4-10所示。

图4-7　　　　　　　　图4-8

图4-9　　　　　　　　　　　图4-10

（4）选择"文字"工具 T，在页面中适当的位置输入需要的文字，选择"选择"工具 ，在属性栏中选择合适的字体并设置适当的文字大小，填充文字为白色，效果如图4-11所示。

（5）选择"钢笔"工具 ，在适当的位置绘制不规则图形，填充图形为白色，并设置描边色为无，效果如图4-12所示。选择"对象 > 变换 > 缩放"命令，在弹出的"比例缩放"对话框中进行设置，如图4-13所示。单击"复制"按钮，效果如图4-14所示。

图4-11　　　　　　　　　　图4-12

图4-13　　　　　　　　　　图4-14

（6）选择"选择"工具 ，选取需要的图形，如图4-15所示。选择"窗口 > 路径查找器"命令，弹出"路径查找器"控制面板，单击"减去顶层"按钮 ，如图4-16所示。生成新的对象，效果如图4-17所示。

图4-15　　　　　图4-16　　　　　图4-17

（7）选择"钢笔"工具 ，在适当的位置绘制不规则图形，如图4-18所示。用相同的方法绘制其他图形，如图4-19所示。选择"矩形"工具 ，在适当的位置绘制矩形，如图4-20所示。

图4-18　　　　　图4-19　　　　　图4-20

（8）选择"选择"工具 ，选取需要的图形，如图4-21所示。选择"窗口 > 路径查找器"命令，弹出"路径查找器"控制面板，单击"减去顶层"按钮 ，如图4-22所示。生成新的对象，效果如图4-23所示。选择"选择"工具 ，拖曳图形到适当的位置，填充图形为白色，并设置描边色为无，效果如图4-24所示。

图4-21　　　　　　　　　　图4-22

图4-23　　　　　　　　　　图4-24

（9）选择"选择"工具▶，将需要的图形同时选取，按Ctrl+G组合键将其编组，效果如图4-25所示。按住Alt键的同时，向右拖曳图形到适当的位置复制图形，如图4-26所示。用相同的方法复制出其他图形，效果如图4-27所示。

（10）选择"选择"工具▶，将需要的图形同时选取，选择"窗口 > 对齐"命令，弹出"对齐"面板，单击"顶对齐"按钮▣和"水平居中分布"按钮▣对齐图形，按Ctrl+G组合键将其编组，效果如图4-28所示。

图4-25　　　　　　　图4-26

图4-27　　　　　　　图4-28

（11）选择"选择"工具▶，按住Alt键的同时，向下拖曳图形到适当的位置复制图形，如图4-29所示。用相同的方法复制出其他图形，效果如图4-30所示。单击"对齐"面板中"左对齐"按钮▣和"垂直居中分布"按钮▣对齐图形，按Ctrl+G组合键将其编组，效果如图4-31所示。

图4-29

图4-30　　　　　　　图4-31

（12）选择"选择"工具▶，选取需要的图形，按Ctrl+Shift+G组合键取消图形的编组。选取下方的图形，按Delete键将其删除，效果如图4-32所示。用相同的方法删除其他图形，效果如图4-33所示。

（13）选择"选择"工具▶，选取需要的图形，设置图形填充色的C、M、Y、K值分别为7、9、86、0，填充图形，效果如图4-34所示。

图4-32　　　　图4-33　　　　图4-34

（14）选择"文字"工具▣，在适当的位置输入需要的文字，选择"选择"工具▶，在属性栏中选择合适的字体并设置适当的文字大小，设置文字填充色的C、M、Y、K值分别为7、9、86、0，填充文字，效果如图4-35所示。用相同的方法添加其他文字，效果如图4-36所示。

图4-35　　　　　　　图4-36

（15）选择"星形"工具▣，在适当的位置绘制星形，设置图形填充色的C、M、Y、K值分别为7、9、86、0，填充图形，并设置描边色为无，效果如图4-37所示。选择"选择"工具▶，按住Alt键的同时，向右拖曳星形到适当的位置，复制图形，如图4-38所示。用相同的方法复制出其他图形，效果如图4-39所示。

（16）选择"选择"工具▶，将需要的星形同时选取，单击"对齐"面板中"垂直居中对齐"按钮▣和"水平居中分布"按钮▣对齐图形，按Ctrl+G组合键将其编组，效果如图4-40所示。

图4-37　　图4-38　　图4-39　　图4-40

（17）选择"选择"工具 ▶，选取需要的星形，按住Alt键的同时，向右拖曳星形到适当的位置，复制图形，如图4-41所示。用相同的方法复制出其他图形，效果如图4-42所示。

图4-41　　　　　　　　图4-42

（18）选择"选择"工具 ▶，选取需要的图形，按Ctrl+Shift+G组合键取消图形编组，如图4-43所示。选取需要的图形，设置图形填充色的C、M、Y、K值分别为87、76、42、5，填充图形，效果如图4-44所示。用相同的方法填充其他图形，效果如图4-45所示。

（19）选择"椭圆形"工具 ◉，按住Shift键的同时，在适当的位置绘制圆形，设置图形填充色为白色，填充图形，并设置描边色为无，效果如图4-46所示。

图4-43　　　图4-44 图4-45　　　图4-46

（20）选择"选择"工具 ▶，选取绘制的圆形，按Ctrl+C组合键复制圆形，按Ctrl+F组合键将圆形粘贴在前，如图4-47所示。按住Alt+Shift组合键的同时，向内拖曳圆形右上角的控制手柄，等比缩小圆形，效果如图4-48所示。

（21）选择"选择"工具 ▶，选取需要的图形，如图4-49所示。选择"窗口 > 路径查找器"命令，弹出"路径查找器"控制面板，单击"减去顶层"按钮 ◻，如图4-50所示。生成新的对象，效果如图4-51所示。

图4-47　　　　图4-48　　　　图4-49

图4-50　　　　　　　　图4-51

（22）选择"选择"工具 ▶，按住Alt+Shift组合键的同时，水平向右拖曳图形到适当的位置，复制图形，如图4-52所示。按Ctrl+D组合键多次，复制多个图形，效果如图4-53所示。

图4-52　　　　　　　图4-53

（23）选择"椭圆"工具 ◉，按住Shift键的同时，在适当的位置绘制圆形，设置图形填充色的C、M、Y、K值分别为7、9、86、0，填充图形，并设置描边色为无，效果如图4-54所示。

（24）按Ctrl+O组合键，打开本书学习资源中的"Ch04 > 素材 > 制作游戏界面 > 01"文件，按Ctrl+A组合键全选图形，复制并将其粘贴到正在编辑的页面中，选择"选择"工具 ▶，选取图形并将其拖曳到适当的位置，如图4-55所示。游戏界面制作完成。

图4-54　　　　　　　图4-55

4.1.2 对齐对象

"对齐"控制面板中的"对齐对象"选项组中包括6种对齐命令按钮："水平左对齐"按钮▣、"水平居中对齐"按钮▣、"水平右对齐"按钮▣、"垂直顶对齐"按钮▣、"垂直居中对齐"按钮▣和"垂直底对齐"按钮▣。

1. 水平左对齐

以最左边对象的左边边线为基准线，选取的全部对象的左边缘和这条线对齐（最左边对象的位置不变）。

选取要对齐的对象，如图4-56所示。单击"对齐"控制面板中的"水平左对齐"按钮▣，所有被选取的对象将都向左对齐，如图4-57所示。

2. 水平居中对齐

以选定对象的中点为基准点对齐，所有对象在垂直方向的位置保持不变（多个对象进行水平居中对齐时，以中间对象的中点为基准点进行对齐，中间对象的位置不变）。

选取要对齐的对象，如图4-58所示。单击"对齐"控制面板中的"水平居中对齐"按钮▣，所有被选取的对象都将水平居中对齐，如图4-59所示。

图4-56   图4-57   图4-58   图4-59

3. 水平右对齐

以最右边对象的右边边线为基准线，选取的全部对象的右边缘和这条线对齐（最右边对象的位置不变）。

选取要对齐的对象，如图4-60所示。单击"对齐"控制面板中的"水平右对齐"按钮▣，所有被选取的对象都将水平向右对齐，如图4-61所示。

4. 垂直顶对齐

以多个要对齐对象中最上面对象的上边线为基准线，选定对象的上边线都和这条线对齐（最上面对象的位置不变）。

选取要对齐的对象，如图4-62所示。单击"对齐"控制面板中的"垂直顶对齐"按钮▣，所有被选取的对象都将向上对齐，如图4-63所示。

图4-60   图4-61   图4-62

图4-63

5. 垂直居中对齐

以多个要对齐对象的中点为基准点进行对齐，将所有对象进行垂直移动，水平方向上的位置不变（多个对象进行垂直居中对齐时，以中间对象的中点为基准点进行对齐，中间对象的位置不变）。

选取要对齐的对象，如图4-64所示。单击"对齐"控制面板中的"垂直居中对齐"按钮▣，所有被选取的对象都将垂直居中对齐，如图4-65所示。

图4-64   图4-65

6. 垂直底对齐

以多个要对齐对象中最下面对象的下边线为基准线，选定的对象的下边线都和这条线对齐（最下面对象的位置不变）。

选取要对齐的对象，如图4-66所示。单击"对齐"控制面板中的"垂直底对齐"按钮🔳，所有被选取的对象都将垂直向底对齐，如图4-67所示。

图4-66　　　　　图4-67

4.1.3　分布对象

"对齐"控制面板中的"分布对象"选项组包括6种分布命令按钮：垂直顶分布按钮🔳、垂直居中分布按钮🔳、垂直底分布按钮🔳、水平左分布按钮🔳、水平居中分布按钮🔳和水平右分布按钮🔳。

1. 垂直顶分布

以每个选取对象的上边线为基准线，使对象按相等的间距垂直分布。

选取要分布的对象，如图4-68所示。单击"对齐"控制面板中的"垂直顶分布"按钮🔳，所有被选取的对象将按各自的上边线等距离垂直分布，如图4-69所示。

图4-68　　　　　图4-69

2. 垂直居中分布

以每个选取对象的中线为基准线，使对象按相等的间距垂直分布。

选取要分布的对象，如图4-70所示。单击"对齐"控制面板中的"垂直居中分布"按钮🔳，所有被选取的对象将按各自的中线，等距离垂直分布，如图4-71所示。

图4-70　　　　　图4-71

3. 垂直底分布

以每个选取对象的下边线为基准线，使对象按相等的间距垂直分布。

选取要分布的对象，如图4-72所示。单击"对齐"控制面板中的"垂直底分布"按钮🔳，所有被选取的对象将按各自的下边线，等距离垂直分布，如图4-73所示。

图4-72　　　　　图4-73

4. 水平左分布

以每个选取对象的左边线为基准线，使对象按相等的间距水平分布。

选取要分布的对象，如图4-74所示。单击"对齐"控制面板中的"水平左分布"按钮🔳，所有被选取的对象将按各自的左边线，等距离水平分布，如图4-75所示。

图4-74　　　　　　图4-75

5. 水平居中分布

以每个选取对象的中线为基准线，使对象按相等的间距水平分布。

选取要分布的对象，如图4-76所示。单击"对齐"控制面板中的"水平居中分布"按钮，所有被选取的对象将按各自的中线，等距离水平分布，如图4-77所示。

图4-76　　　　　　图4-77

6. 水平右分布

以每个选取对象的右边线为基准线，使对象按相等的间距水平分布。

选取要分布的对象，如图4-78所示。单击"对齐"控制面板中的"水平右分布"按钮，所有被选取的对象将按各自的右边线，等距离水平分布，如图4-79所示。

图4-78　　　　　　图4-79

7. 垂直分布间距

要精确指定对象间的距离，需选择"对齐"控制面板中的"分布间距"选项组，其中包括"垂直分布间距"按钮和"水平分布间距"按钮。

在"对齐"控制面板右下方的数值框中将距离数值设为10mm，如图4-80所示。

选取要对齐的多个对象，如图4-81所示。再单击被选取对象中的任意一个对象，该对象将作为其他对象进行分布时的参照。如图4-82所示，在图例中单击中间的电池图像作为参照对象。

图4-80　　　　图4-81　　　　图4-82

单击"对齐"控制面板中的"垂直分布间距"按钮，如图4-83所示。所有被选取的对象将以中间的电池图像作为参照按设置的数值等距离垂直分布，效果如图4-84所示。

图4-83　　　　　　图4-84

8. 水平分布间距

在"对齐"控制面板右下方的数值框中将距离数值设为2mm，如图4-85所示。

选取要对齐的对象，如图4-86所示。再单击被选取对象中的任意一个对象，该对象将作为其他对象进行分布时的参照。如图4-87所示，图例中单击中间的电池图像作为参照对象。

图4-85　　　　图4-86　　　　图4-87

单击"对齐"控制面板中的"水平分布间

距"按钮 ⊞，如图4-88所示。所有被选取的对象将以中间的电池图像作为参照按设置的数值等距离水平分布，效果如图4-89所示。

图4-88　　　　　　　　图4-89

4.1.4　用网格对齐对象

选择"视图 > 显示网格"命令（组合键为Ctrl+'），页面上显示出网格，如图4-90所示。

用鼠标单击中间的画板图像并按住鼠标向左拖曳，使画板图像的左边线和上方喇叭图像的左边线垂直对齐，如图4-91所示。用鼠标单击下方的陀螺图像并按住鼠标向左拖曳，使陀螺图像的左边线和上方画板图像的右边线垂直对齐，如图4-92所示。全部对齐后的对象如图4-93所示。

图4-90　　　图4-91　　　图4-92　　　图4-93

4.1.5　用辅助线对齐对象

选择"视图 > 标尺 > 显示标尺"命令（组合键为Ctrl+R），如图4-94所示。页面上显示出标尺，效果如图4-95所示。

图4-94　　　　　　　　图4-95

选择"选择"工具 ▶，单击页面左侧的标尺，按住鼠标不放并向右拖曳，拖曳出一条垂直的辅助线，将辅助线放在要对齐对象的左边线上，如图4-96所示。

用鼠标单击画板图像并按住鼠标不放向左拖曳，使画板图像的左边线和喇叭图像的左边线垂直对齐，如图4-97所示。释放鼠标，对齐后的效果如图4-98所示。

图4-96　　　　图4-97　　　　图4-98

4.2 ▶ 对象和图层的顺序

对象之间存在着堆叠的关系，后绘制的对象一般显示在先绘制的对象之上，在实际操作中，可以根据需要改变对象之间的堆叠顺序。通过改变图层的排列顺序也可以改变对象的排序。

4.2.1　对象的顺序

选择"对象 > 排列"命令，其子菜单包括5个命令，即置于顶层、前移一层、后移一层、置

于底层和发送至当前图层，使用这些命令可以改变图形对象的排序。对象间堆叠的效果如图4-99所示。

图4-99

选中要排序的对象，用鼠标右键单击页面，在弹出的快捷菜单中也可选择"排列"命令，还可以应用组合键命令来对对象进行排序。

1. 置于顶层

将选取的图像移到所有图像的顶层。选取要移动的图像，如图4-100所示。用鼠标右键单击页面，弹出其快捷菜单，在"排列"命令的子菜单中选择"置于顶层"命令，图像排到顶层，效果如图4-101所示。

图4-100　　　　　　　　图4-101

2. 前移一层

将选取的图像向前移过一个图像。选取要移动的图像，如图4-102所示。用鼠标右键单击页面，弹出其快捷菜单，在"排列"命令的子菜单中选择"前移一层"命令，图像向前一层，效果如图4-103所示。

图4-102　　　　　　　　图4-103

3. 后移一层

将选取的图像向后移过一个图像。选取要移动的图像，如图4-104所示。用鼠标右键单击页面，弹出其快捷菜单，在"排列"命令的子菜单中选择"后移一层"命令，图像向后一层，效果如图4-105所示。

图4-104　　　　　　　　图4-105

4. 置于底层

将选取的图像移到所有图像的底层。选取要移动的图像，如图4-106所示。用鼠标右键单击页面，弹出其快捷菜单，在"排列"命令的子菜单中选择"置于底层"命令，图像将排到最后面，效果如图4-107所示。

图4-106　　　　　　　　图4-107

5. 发送至当前图层

选择"窗口 > 图层"命令，弹出"图层"控制面板，在"图层1"上新建"图层2"，如图4-108所示。选取要发送到当前图层的咖啡图像，如图4-109所示，这时"图层1"变为当前图层，如图4-110所示。

图4-108　　　　　　　　图4-109

图4-110

用鼠标单击"图层2"，使"图层2"成为当前图层，如图4-111所示。用鼠标右键单击页面，弹出其快捷菜单，在"排列"命令的子菜单中选择"发送至当前图层"命令，咖啡图像被发送到当前图层，即"图层2"中，页面效果如图4-112所示，"图层"控制面板效果如图4-113所示。

图4-111

图4-112

图4-113

4.2.2　使用图层控制对象

1.　通过改变图层的排列顺序改变图像的排序

页面中图像的排列顺序如图4-114所示。"图层"控制面板中排列的顺序如图4-115所示。咖啡杯在"图层1"中，咖啡在"图层2"中，饼干在"图层3"中。

🔎提示

在"图层"控制面板中图层的顺序越靠上，该图层中包含的图像在页面中的排列顺序越靠前。

如果想使咖啡排列在饼干之上，选中"图层3"并按住鼠标左键不放，将"图层3"向下拖曳至"图层2"的下方，如图4-116所示。释放鼠标

后，咖啡就排列到了饼干的前面，效果如图4-117所示。

图4-114

图4-115

图4-116

图4-117

2.　在图层之间移动图像

选取要移动的饼干，如图4-118所示。在"图层3"的右侧出现一个彩色小方块，如图4-119所示。用鼠标单击小方块，将它拖曳到"图层2"上，如图4-120所示。

图4-118

图4-119

图4-120

释放鼠标后，页面中的三角形随着"图层"控制面板中彩色小方块的移动，也移动到了页面的最前面。移动后，"图层"控制面板如图4-121

所示，图形对象的效果如图4-122所示。

图4-121　　　　　　　　　图4-122

4.3 控制对象

在Illustrator CS6中，控制对象的方法非常灵活有效，可以将多个图形进行编组，从而组合成一个图形组。此外，还有锁定和解锁对象等方法。

4.3.1 编组

使用"编组"命令，可以将多个对象组合在一起使其成为一个对象。使用"选择"工具，选取要编组的图像，编组之后，单击任何一个图像，其他图像都会被一起选取。

1. 创建组合

选取要编组的对象，如图4-123所示，选择"对象 > 编组"命令（组合键为Ctrl+G），将选取的对象组合，组合后的图像，选择其中的任何一个图像，其他的图像也会同时被选取，如图4-124所示。

将多个对象组合后，其外观并没有变化，当对任何一个对象进行编辑时，其他对象也随之产生相应的变化。如果需要单独编辑组合中的个别对象，而不改变其他对象的状态，可以应用"编组选择"工具进行选取。选择"编组选择"工具，用鼠标单击要移动的对象并按住鼠标左键不放，拖曳对象到合适的位置，效果如图4-125所示，其他的对象并没有变化。

图4-123　　　　图4-124　　　　图4-125

提示

"编组"命令还可以将几个不同的组合进行进一步的组合，或在组合与对象之间进行进一步的组合。在几个组之间进行组合时，原来的组合并没有消失，它与新得到的组合是嵌套的关系。组合不同图层上的对象，组合后所有的对象将自动移动到最上边对象的图层中，并形成组合。

2. 取消组合

选取要取消组合的对象，如图4-126所示。选择"对象 > 取消编组"命令（组合键为Shift+Ctrl+G），取消组合的图像。取消组合后的图像，可通过单击鼠标选取任意一个图像，如图4-127所示。

图4-126　　　　　　　图4-127

进行一次"取消编组"命令只能取消一层组合，例如，两个组合使用"编组"命令得到一个新的组合。应用"取消编组"命令取消这个新组合后，得到两个原始的组合。

4.3.2 锁定对象

锁定对象可以防止操作时误选对象，也可以防止当多个对象重叠在一起而选择一个对象时，其他对象也连带被选取。

锁定对象包括3个部分：所选对象、上方所有图稿、其他图层。

1. 锁定选择

选取要锁定的图形，如图4-128所示。选择"对象 > 锁定 > 所选对象"命令（组合键为Ctrl+2），将粉色蜡烛锁定。锁定后，当其他图像移动时，粉色蜡烛不会随之移动，如图4-129所示。

图4-128　　　　　　　　图4-129

2. 锁定上方所有图稿的图像

选取粉色蜡烛，如图4-130所示。选择"对象 > 锁定 > 上方所有图稿"命令，粉色蜡烛之上的蓝色蜡烛和黄色蜡烛则被锁定。当移动粉色蜡烛的时候，蓝色蜡烛和黄色蜡烛不会随之移动，如图4-131所示。

图4-130　　　　　　　　图4-131

3. 锁定其他图层

粉色蜡烛、黄色蜡烛、蓝色蜡烛分别在不同的图层上，如图4-132所示。选取粉色蜡烛，如图4-133所示。选择"对象 > 锁定 > 其他图层"命令，在"图层"控制面板中，除了粉色蜡烛所在的图层，其他图层都被锁定了。被锁定图层的左

边将会出现一个锁头的图标 🔒，如图4-134所示。锁定图层中的图像在页面中也都被锁定了。

图4-132　　　　　　　　图4-133

图4-134

4. 解除锁定

选择"对象 > 全部解锁"命令（组合键为Alt+Ctrl+2），被锁定的图像就会被取消锁定。

4.3.3 隐藏对象

Illustrator CS6可以将当前不重要或已经做好的图像隐藏起来，避免妨碍其他图像的编辑。

隐藏图像包括3个部分：所选对象、上方所有图稿、其他图层。

1. 隐藏选择

选取要隐藏的对象，如图4-135所示。选择"对象 > 隐藏 > 所选对象"命令（组合键为Ctrl+3），则黄色蜡烛被隐藏起来，效果如图4-136所示。

图4-135　　　　　　　　图4-136

2. 隐藏上方所有图稿的图像

选取不要隐藏的对象，如图4-137所示。选择"对象 > 隐藏 > 上方所有图稿"命令，绿色图形之上的蓝色图形和黄色图形则被隐藏，如图4-138所示。

图4-137　　　　图4-138

3. 隐藏其他图层

选取不需要隐藏的图层上的对象，如图4-139所示。选择"对象 > 隐藏 > 其他图层"命令，在"图层"控制面板中，除了黄色蜡烛所在的图层，其他图层都被隐藏了，即眼睛图标消失，如图4-140所示。其他图层中的图像在页面中也都被隐藏了，效果如图4-141所示。

图4-139　　　　图4-140　　　　图4-141

4. 显示所有对象

当对象被隐藏后，选择"对象 > 显示全部"命令（组合键为Alt +Ctrl+3），所有的对象将会被显示出来。

课堂练习——绘制美丽风景插画

【练习知识要点】使用钢笔工具、椭圆工具和渐变工具绘制背景、海、树和帆船效果；使用不透明度命令制作装饰图形的透明效果，如图4-142所示。

【效果所在位置】Ch04/效果/绘制美丽风景插画.ai。

图4-142

课后习题——制作招聘广告

【习题知识要点】使用矩形工具和纹理化命令绘制背景底图；使用椭圆工具、直接选择工具、钢笔工具和文字工具制作标牌；使用复制、粘贴命令添加宣传文字；使用对齐面板对齐宣传文字；效果如图4-143所示。

【素材所在位置】Ch04/素材/制作招聘广告/01、02。

【效果所在位置】Ch04/效果/制作招聘广告.ai。

图4-143

第 5 章

颜色填充与描边

本章介绍

本章将介绍Illustrator CS6中填充工具和命令工具的使用方法，以及描边和符号的添加和编辑技巧。通过对本章内容的学习，读者可以利用颜色填充和描边功能，绘制出漂亮的图形效果，还可以将需要重复应用的图形制作成符号，以提高工作效率。

学习目标

◆ 掌握三种色彩模式的区别与应用。

◆ 熟练掌握不同的填充方法和技巧。

◆ 熟练掌握描边和使用符号的技巧。

技能目标

◆掌握"舞吧网络广告"的制作方法。

◆掌握"贺卡"的制作方法。

5.1 色彩模式

Illustrator CS6提供了RGB、CMYK、Web安全RGB、HSB和灰度5种色彩模式。常用的是CMYK模式和RGB模式，其中CMYK是默认的色彩模式。不同的色彩模式调配颜色的基本色不尽相同。

5.1.1 RGB模式

RGB模式源于有色光的三原色原理。它是一种加色模式，就是通过红、绿、蓝3种颜色相叠加而产生更多的颜色。同时，RGB也是色光的彩色模式。在编辑图像时，建议选择RGB色彩模式。因为它可以提供全屏幕的多达24位的色彩范围。"RGB色彩模式"控制面板如图5-1所示，可以在控制面板中设置RGB颜色。

图5-1

5.1.2 CMYK模式

CMYK模式主要应用在印刷领域。它通过反射某些颜色的光并吸收另外一些颜色的光来产生不同的颜色，是一种减色模式。CMYK代表了印刷上用的4种油墨，C代表青色，M代表洋红色，Y代表黄色，K代表黑色。"CMYK色彩模式"控制面板如图5-2所示，可以在控制面板中设置CMYK颜色。

CMYK模式是图片、插图和其他作品常用的一种印刷方式。这是因为在印刷中通常要进行四色分色，出四色胶片，然后进行印刷。

图5-2

5.1.3 灰度模式

灰度模式又叫8位深度图。每个像素用8个二进制位表示，能产生2^8（即256级）灰色调。当一个彩色文件被转换为灰度模式文件时，所有的颜色信息都将从文件中丢失。

灰度模式的图像中存在256种灰度级，灰度模式只有1个亮度调节滑块，0代表白色，100代表黑色。灰度模式经常应用在成本相对低廉的黑白印刷中。另外，将彩色模式转换为双色调模式或位图模式时，必须先转换为灰度模式，然后由灰度模式转换为双色调模式或位图模式。"灰度模式"控制面板如图5-3所示，可以在其中设置灰度值。

图5-3

5.2 颜色填充

　　Illustrator CS6用于填充的内容包括"色板"控制面板中的单色对象、图案对象和渐变对象，以及"颜色"控制面板中的自定义颜色。另外，"色板库"提供了多种外挂的色谱、渐变对象和图案对象。

5.2.1 填充工具

　　应用工具箱中的"填色"和"描边"工具，可以指定所选对象的填充颜色和描边颜色。当单击按钮（快捷键为X）时，可以切换填色显示框和描边显示框的位置。按Shift+X组合键时，可使选定对象的颜色在填充和描边填充之间切换。

　　在"填色"和"描边"下面有3个按钮，它们分别是"颜色"按钮、"渐变"按钮和"无"按钮。当选择渐变填充时它不能用于图形的描边上。

5.2.2 "颜色"控制面板

　　Illustrator通过"颜色"控制面板设置对象的填充颜色。单击"颜色"控制面板右上方的图标，在弹出式菜单中选择当前取色时使用的颜色模式。无论选择哪一种颜色模式，控制面板中都将显示出相关的颜色内容，如图5-4所示。

　　选择"窗口 > 颜色"命令，弹出"颜色"控制面板。"颜色"控制面板上的按钮用来进行填充颜色和描边颜色之间的互相切换，操作方法与工具箱中按钮的使用方法相同。

　　将光标移动到取色区域，光标图标变为吸管形状，单击就可以选取颜色。拖曳各个颜色滑块或在各个数值框中输入有效的数值，可以调配出更精确的颜色，如图5-5所示。

　　更改或设定对象的描边颜色时，单击选取已有的对象，在"颜色"控制面板中切换到描边颜色，选取或调配出新颜色，这时新选的颜色被应用到当前选定对象的描边中，如图5-6所示。

图5-4

图5-5　　　　　　　　　　图5-6

5.2.3 "色板"控制面板

　　选择"窗口 > 色板"命令，弹出"色板"控制面板，在"色板"控制面板中单击需要的颜色或样本，可以将其选中，如图5-7所示。

图5-7

　　"色板"控制面板提供了多种颜色和图案，并且允许添加并存储自定义的颜色和图案。单击"显示色板类型"菜单按钮，可以使所有的样本显示出来；单击"新建颜色组"按钮，可以新建颜色组；单击"色板选项"按钮，可以打开"色板"选项对话框；"新建色板"按钮用于定义和新建一个新的样本；"删除色板"按钮可以将选定的样本从"色板"控制面板中删除。

绘制一个图形，单击填色按钮，如图5-8所示。选择"窗口 > 色板"命令，弹出"色板"控制面板，在"色板"控制面板中单击需要的颜色或图案，来对图案内部进行填充，效果如图5-9所示。

图5-8

图5-9

选择"窗口 > 色板库"命令，可以调出更多的色板库。引入外部色板库，新增的多个色板库都将显示在同一个"色板"控制面板中。

"色板"控制面板左上角的方块标有斜红杠，表示无颜色填充。双击"色板"控制面板中的颜色缩略图的时候会弹出"色板选项"对话框，可以设置其颜色属性，如图5-10所示。

单击"色板"控制面板右上方的按钮，将弹出下拉菜单，选择菜单中的"新建色板"命令，如图5-11所示，可以将选中的某一颜色或样本添加到"色板"控制面板中；单击"新建色板"按钮，也可以添加新的颜色或样本到"色板"控制面板中。

图5-10

图5-11

Illustrator CS6除"色板"控制面板中默认的样本外，在其"色板库"中还提供了多种色板。选择"窗口 > 色板库"命令，或单击"色板"控制面板左下角的"色板库菜单"按钮，可以看到在其子菜单中包括了不同的样本可供选择使用。当选择"窗口 > 色板库 > 其他库"命令时，弹出对话框，可以将其他文件中的色板样本、渐变样本和图案样本导入"色板"控制面板中。

Illustrator CS6增强了"色板"面板的搜索功能，可以输入颜色名称或输入CMYK颜色值进行搜索。"查找栏"在默认情况下不启用，单击"色板"控制面板右上方的按钮，在弹出的下拉菜单中选择"显示查找栏位"命令，面板上方显示查找选项。

5.3 渐变填充

渐变填充是指两种或多种不同颜色在同一条直线上逐渐过渡填充。建立渐变填充有多种方法，可以使用"渐变"工具，也可以使用"渐变"控制面板和"颜色"控制面板来设置选定对象的渐变颜色，还可以使用"色板"控制面板中的渐变样本。

5.3.1 课堂案例——制作舞吧网络广告

【**案例学习目标**】学习使用文字工具、填充面板和渐变工具制作舞吧网络广告。

【**案例知识要点**】使用矩形网格工具和颜色面板绘制网格背景；使用文字工具为海报添加宣传文字；使用文字工具、创建轮廓命令和渐变面板制作装饰文字，效果如图5-12所示。

【**效果所在位置**】Ch05/效果/制作舞吧网络广告.ai。

图5-12

（1）按Ctrl+N组合键新建一个文档，宽度为210mm，高度为143mm，取向为横向，颜色模式为CMYK，单击"确定"按钮。

（2）选择"文件 > 置入"命令，弹出"置入"对话框，选择本书学习资源中的"Ch05 > 素材 > 制作舞吧网络广告 > 01"文件，单击"置入"按钮，将图片置入页面中，单击属性栏中的"嵌入"按钮，嵌入图片。选择"选择"工具，拖曳图片到适当的位置，效果如图5-13所示。

（3）选择"矩形"工具，绘制一个与页面大小相等的矩形，如图5-14所示。选择"选择"工具，圈选需要的图形，选择"对象 > 剪

切蒙版 > 建立"命令，效果如图5-15所示。

图5-13　　　　　　图5-14

图5-15

（4）选择"钢笔"工具，在适当的位置绘制不规则图形，设置图形填充色的C、M、Y、K值分别为80、98、0、0，填充图形，并设置描边色为无，效果如图5-16所示。

（5）选择"窗口 > 透明度"命令，弹出"透明度"控制面板，将混合模式选项设为"正片叠底"，将"不透明度"选项设为62%，如图5-17所示，效果如图5-18所示。用相同的方法绘制其他图形，分别填充适当颜色，并在"透明度"控制面板中分别调整图形的混合模式和不透明度，效果如图5-19所示。

图5-16　　　　　　图5-17

图5-18 　　　　　　　　图5-19

（6）选择"矩形"工具 ▣ ，绘制一个与页面大小相等的矩形，如图5-20所示。选择"选择"工具 ▸ ，选取需要的图形，选择"对象 > 剪切蒙版 > 建立"命令，效果如图5-21所示。

图5-20 　　　　　　　　图5-21

（7）选择"矩形网格"工具 ▦ ，在页面中单击，在弹出的对话框中进行设置，如图5-22所示。单击"确定"按钮，绘制网格，选择"选择"工具 ▸ ，将其拖曳到适当的位置，并调整其大小，效果如图5-23所示。设置网格描边色的C、M、Y、K值分别为51、44、14、0，填充网格描边，将"不透明度"选项设为47%，效果如图5-24所示。

图5-22

图5-23 　　　　　　　　图5-24

（8）选择"文字"工具 T ，在适当的位置输入需要的文字，选择"选择"工具 ▸ ，在属性栏中选择合适的字体并设置适当的文字大小，效果如图5-25所示。选择"文字 > 创建轮廓"命令，将文字转换为轮廓图形，效果如图5-26所示。按Shift+Ctrl+G组合键取消文字编组，选择"选择"工具 ▸ ，选取需要的文字，如图5-27所示。

图5-25 　　　　　　　　图5-26

图5-27

（9）选择"对象 > 变换 > 倾斜"命令，弹出"倾斜"对话框，选项的设置如图5-28所示。单击"确定"按钮，效果如图5-29所示。

图5-28 　　　　　　　　图5-29

（10）选择"选择"工具 ▸ ，分别调整文字的位置，如图5-30所示。双击"渐变"工具 ▣ ，弹出"渐变"控制面板，在色带上设置两个渐变滑块，分别将渐变滑块的位置设为0、37、100，并设置C、M、Y、K的值分别为0（34、78、0、0）、37（0、0、0、0）、100（96、84、0、0），其他选项的设置如图5-31所示。图形被填充为渐变色，设置描边色为白色，描边粗细为2pt，效果如图5-32所示。用相同的方法为其他文字添加渐变色，效果如图5-33所示。

图5-30　　　　　　　　图5-31

图5-32　　　　　　　　图5-33

（11）按Ctrl+O组合键，打开本书学习资源中的"Ch05 > 素材 > 制作舞吧网络广告 > 02"文件，按Ctrl+A组合键全选图形，复制并将其粘贴到正在编辑的页面中。选择"选择"工具，选取图形并将其拖曳到适当的位置，如图5-34所示。

图5-34

（12）双击"渐变"工具，弹出"渐变"控制面板，在色带上设置3个渐变滑块，分别将渐变滑块的位置设为0、37、100，并设置C、M、Y、K的值分别为0（34、78、0、0）、37（0、0、0、0）、100（96、84、0、0），其他选项的设置如图5-35所示。图形被填充为渐变色，设置描边色为无，效果如图5-36所示。

图5-35　　　　　　　　图5-36

（13）选择"文字"工具，在适当的位置分别输入需要的文字，选择"选择"工具，在属性栏中分别选择合适的字体并设置适当的文字大小，填充文字为白色，效果如图5-37所示。

（14）选择"钢笔"工具，在适当的位置绘制不规则图形，填充图形为白色，并设置描边色为无，效果如图5-38所示。舞吧网络广告制作完成。

图5-37　　　　　　　　图5-38

5.3.2　创建渐变填充

选择绘制好的图形，如图5-39所示。单击工具箱下部的"渐变"按钮，对图形进行渐变填充，效果如图5-40所示。选择"渐变"工具，在图形需要的位置单击设定渐变的起点并按住鼠标左键拖曳，再次单击确定渐变的终点，如图5-41所示，渐变填充的效果如图5-42所示。

图5-39　　　　图5-40　　　　图5-41　　　　图5-42

在"色板"控制面板中单击需要的渐变样本，对图形进行渐变填充，效果如图5-43所示。

图5-43

5.3.3 渐变控制面板

在"渐变"控制面板中可以设置渐变参数，可选择"线性"或"径向"渐变，设置渐变的起始、中间和终止颜色，还可以设置渐变的位置和角度。

选择"窗口 > 渐变"命令，弹出"渐变"控制面板，如图5-44所示。从"类型"选项的下拉列表中可以选择"径向"或"线性"渐变方式，如图5-45所示。

图5-44　　　　　　图5-45

在"角度"选项的数值框中显示当前的渐变角度，重新输入数值后单击Enter键，可以改变渐变的角度，如图5-46所示。

图5-46

单击"渐变"控制面板下面的颜色滑块，在"位置"选项的数值框中显示出该滑块在渐变颜色中颜色位置的百分比，如图5-47所示，拖曳该滑块，改变该颜色的位置，即可改变颜色的渐变梯度，如图5-48所示。

图5-47　　　　　　图5-48

在渐变色谱条的底边单击，可以添加一个颜色滑块，如图5-49所示。在"颜色"控制面板中调配颜色，如图5-50所示，可以改变添加的颜色滑块的颜色，如图5-51所示。用鼠标按住颜色滑块不放并将其拖出到"渐变"控制面板外，可以直接删除颜色滑块。

图5-49　　　　　　图5-50

图5-51

5.3.4 渐变填充的样式

1. 线性渐变填充

线性渐变填充是一种比较常用的渐变填充方式，通过"渐变"控制面板，可以精确地指定线性渐变的起始和终止颜色，还可以调整渐变方向。通过调整中心点的位置，可以生成不同的颜色渐变效果。当需要绘制线性渐变填充图形时，可按以下步骤操作。

选择绘制好的图形，如图5-52所示。双击"渐变"工具或选择"窗口 > 渐变"命令（组合键为Ctrl+F9），弹出"渐变"控制面板。在"渐变"控制面板的色谱条中，显示程序默认的白色到黑色的线性渐变样式，如图5-53所示。在"渐变"控制面板"类型"选项的下拉列表中选择"线性"渐变类型，如图5-54所示，图形将被线性渐变填充，效果如图5-55所示。

图5-52

图5-53

图5-54

图5-55

单击"渐变"控制面板中的起始颜色游标，如图5-56所示，然后在"颜色"控制面板中调配所需的颜色，设置渐变的起始颜色。再单击终止颜色游标，如图5-57所示，设置渐变的终止颜色，效果如图5-58所示。图形的线性渐变填充效果如图5-59所示。

图5-56

图5-57

图5-58　　　　　　　　　图5-59

拖动色谱条上边的控制滑块，可以改变颜色的渐变位置，如图5-60所示。"位置"数值框中的数值也会随之发生变化，设置"位置"数值框中的数值也可以改变颜色的渐变位置，图形的线性渐变填充效果也将改变，如图5-61所示。

图5-60　　　　　　　　　图5-61

如果要改变颜色渐变的方向，选择"渐变"工具，直接在图形中拖曳即可。当需要精确地改变渐变方向时，可通过"渐变"控制面板中的"角度"选项来控制图形的渐变方向。

2. 径向渐变填充

径向渐变填充是Illustrator CS6的另一种渐变填充类型，与线性渐变填充不同，它是从起始颜色以圆的形式向外发散，逐渐过渡到终止颜色。它的起始颜色和终止颜色，以及渐变填充中心点的位置都是可以改变的。使用径向渐变填充可以生成多种渐变填充效果。

选择绘制好的图形，如图5-62所示。双击"渐变"工具或选择"窗口 > 渐变"命令（组合键为Ctrl+F9），弹出"渐变"控制面板。在"渐变"控制面板的色谱条中，显示程序默认的白色到黑色的线性渐变样式，如图5-63所示。在"渐变"控制面板"类型"选项的下拉列表中选择"径向"渐变类型，如图5-64所示，图形将被径向渐变填充，效果如图5-65所示。

图5-68

图5-62

图5-63

5.3.5　使用渐变库

除了"色板"控制面板中提供的渐变样式外，Illustrator CS6还提供了一些渐变库。选择"窗口 > 色板库 > 其他库"命令，弹出"打开"对话框，如图5-69所示。"色板 > 渐变"文件夹内包含了系统提供的渐变库，可以选择不同的渐变库，选择后单击"打开"按钮，渐变库的效果如图5-70所示。

图5-64

图5-65

单击"渐变"控制面板中的起始颜色游标，或终止颜色游标，然后在"颜色"控制面板中调配颜色，即可改变图形的渐变颜色，效果如图5-66所示。拖动色谱条上边的控制滑块，可以改变颜色的中心渐变位置，效果如图5-67所示。使用"渐变"工具绘制，可改变径向渐变的中心位置，效果如图5-68所示。

图5-69

图5-66

图5-67

图5-70

5.4 图案填充

图案填充是绘制图形的重要手段，使用合适的图案填充可以使绘制的图形更加生动形象。

5.4.1 使用图案填充

选择"窗口>色板库>图案"命令，可以选择自然、装饰灯等多种图案填充图形，如图5-71所示。

绘制一个图形，如图5-72所示。在工具箱下方选择描边按钮，再在"色板"控制面板中选择需要的图案，如图5-73所示。图案填充到图形的描边上，效果如图5-74所示。

图5-71

图5-72

图5-73

图5-74

在工具箱下方选择填充按钮，在"色板"控制面板中单击选择需要的图案，如图5-75所示。图案填充到图形的内部，效果如图5-76所示。

图5-75

图5-76

5.4.2 创建图案填充

在Illustrator CS6中可以将基本图形定义为图案，作为图案的图形不能包含渐变、渐变网格、图案和位图。

使用"星形"工具，绘制3个星形，同时选取3个星形，如图5-77所示。选择"对象>图案>建立"命令，弹出提示框和"图案选项"面板，如图5-78所示。同时页面进入"图案编辑模式"，单击提示框的"确定"按钮，在面板中可以设置图案的名称、大小和重叠方式等，设置完成后，单击页面左上方的"完成"按钮，定义的图案就添加到"色板"控制面板中了，效果如图5-79所示。

图5-77

图5-78

图5-78（续）

图5-79

图5-82

图5-83

在"色板"控制面板中单击新定义的图案并将其拖曳到页面上，如图5-80所示。选择"对象 > 取消编组"命令，取消图案组合，可以重新编辑图案，效果如图5-81所示。选择"对象 > 编组"命令，将新编辑的图案组合，将图案拖曳到"色板"控制面板中，如图5-82所示，在"色板"控制面板中添加了新定义的图案，如图5-83所示。

使用"多边形"工具 ，绘制一个多边形，如图5-84所示。在"色板"控制面板中单击新定义的图案，如图5-85所示，多边形的图案填充效果如图5-86所示。

图5-84　　　　图5-85　　　　图5-86

Illustrator CS6自带一些图案库。选择"窗口 > 图形样式库"子菜单下的各种样式，加载不同的样式库。可以选择"其他库"命令来加载外部样式库。

图5-80

图5-81

5.4.3　使用图案库

除了"色板"控制面板中提供的图案外，Illustrator CS6还提供了一些图案库。选择"窗口 > 色板库 > 其他库"命令，弹出"打开"对话框，"色板 > 图案"文件夹中包含了系统提供的渐变库，如图5-87所示。在文件夹中可以选择不同的图案库，选择后单击"打开"按钮，图案库的效果如图5-88所示。

图5-87

图5-88

5.5 渐变网格填充

应用渐变网格功能可以制作出图形颜色细微之处的变化，并且易于控制图形颜色。使用渐变网格可以对图形应用多个方向、多种颜色的渐变填充。

5.5.1 建立渐变网格

应用"网格"工具可以在图形中形成网格，使图形颜色的变化更加柔和、自然。

1. 使用网格工具建立渐变网格

使用"椭圆"工具绘制一个椭圆形并保持其被选取状态，如图5-89所示。选择"网格"工具，在椭圆形中单击，将椭圆形建立为渐变网格对象，在椭圆形中增加了横竖两条线交叉形成的网格，如图5-90所示。继续在椭圆形中单击，可以增加新的网格，效果如图5-91所示。

网格中横竖两条线交叉形成的点就是网格点，而横、竖线就是网格线。

2. 使用"创建渐变网格"命令创建渐变网格

使用"椭圆"工具绘制一个椭圆形并保持其被选取状态，如图5-92所示。选择"对象 > 创建渐变网格"命令，弹出"创建渐变网格"对话框，如图5-93所示。设置数值后，单击"确定"按钮，可以为图形创建渐变网格的填充，效果如图5-94所示。

图5-89　　　　　　图5-90

图5-91

图5-92　　　　　　图5-93

图5-94

在"创建渐变网格"对话框中，"行数"选项的数值框中可以输入水平方向网格线的行数；"列数"选项的数值框中可以输入垂直方向网络线的列数；在"外观"选项的下拉列表中可以选择创建渐变网格后图形高光部位的表现方式，有平淡色、至中心、至边缘3种方式可以选择；在"高光"选项的数值框中可以设置高光处的强度，当数值为0时，图形没有高光点，而是均匀的颜色填充。

5.5.2 编辑渐变网格

1. 添加网格点

使用"椭圆"工具圆，绘制并填充椭圆形，如图5-95所示。选择"网格"工具圆在椭圆形中单击，建立渐变网格对象，如图5-96所示。在椭圆形中的其他位置再次单击，可以添加网格点，如图5-97所示，同时添加了网格线。在网格线上再次单击，可以继续添加网格点，如图5-98所示。

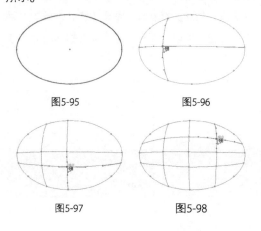

图5-95   图5-96

图5-97   图5-98

2. 删除网格点

使用"网格"工具圆或"直接选择"工具圆单击选中网格点，如图5-99所示。按住Alt键的同时单击网格点，即可将网格点删除，效果如图5-100所示。

图5-99   图5-100

3. 编辑网格颜色

使用"直接选择"工具圆单击选中网格点，如图5-101所示。在"色板"控制面板中单击需要的颜色块，如图5-102所示，可以为网格点填充颜色，效果如图5-103所示。

图5-101   图5-102

图5-103

使用"直接选择"工具圆单击选中网格，如图5-104所示。在"色板"控制面板中单击需要的颜色块，如图5-105所示，可以为网格填充颜色，效果如图5-106所示。

图5-104   图5-105

图5-106

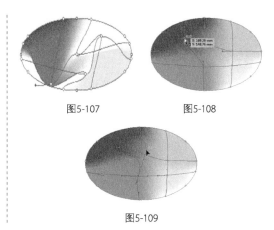

图5-107　　　　　　　图5-108

图5-109

使用"网格"工具 在网格点上单击并按住鼠标左键拖曳网格点，可以移动网格点，效果如图5-107所示。拖曳网格点的控制手柄可以调节网格线，效果如图5-108所示。渐变网格的填色效果如图5-109所示。

5.6 编辑描边

描边其实就是对象的描边线，对描边进行填充时，还可以对其进行一定的设置，如更改描边的形状、粗细以及设置为虚线描边等。

5.6.1 使用"描边"控制面板

选择"窗口 > 描边"命令（组合键为Ctrl+F10），弹出"描边"控制面板，如图5-110所示。"描边"控制面板主要用来设置对象的描边属性，如粗细、形状等。

图5-110

在"描边"控制面板中，"粗细"选项设置描边的宽度。"端点"选项组指定描边各线段的首端和尾端的形状样式，它有平头端点 、圆头端点 和方头端点 3种不同的端点样式。"边角"选项组指定一段描边的拐点，即描边的拐角形状，它有3种不同的拐角接合形式，分别为斜接连接 、圆角连接 和斜角连接 。"限制"选项设置斜角的长度，它将决定描边沿路径改变方向时伸展的长度。"对齐描边"选项组用于设置描边与路径的对齐方式，分别为使描边居中对齐 、使描边内侧对齐 和使描边外侧对齐 。勾选"虚线"复选项可以创建描边的虚线效果。

5.6.2 设置描边的粗细

当需要设置描边的宽度时，要用到"粗细"选项，可以在其下拉列表中选择合适的粗细，也可以直接输入合适的数值。

单击工具箱下方的描边按钮，使用"星形"工具 绘制一个星形并保持其被选取状态，效果如图5-111所示。在"描边"控制面板中的"粗细"选项的下拉列表中选择需要的描边粗细值，或直接输入合适的数值。本例设置的粗细数值为30pt，如图5-112所示，星形的描边粗细被改变，效果如图5-113所示。

图5-111

图5-112　　　　　　　图5-113

当要更改描边的单位时，可选择"编辑 > 首选项 > 单位"命令，弹出"首选项"对话框，如图5-114所示。可以在"描边"选项的下拉列表中选择需要的描边单位。

图5-114

5.6.3　设置描边的填充

保持星形为被选取的状态，效果如图5-115所示。在"色板"控制面板中单击选取所需的填充样本，对象描边的填充效果如图5-116所示。

图5-115　　　　　　　图5-116

🔍 **提示**

不能使用渐变填充样本对描边进行填充。

保持星形被选取的状态，效果如图5-117所示。在"颜色"控制面板中调配所需的颜色，如图5-118所示，或双击工具箱下方的"描边填充"按钮回，弹出"拾色器"对话框，如图5-119所示。在对话框中可以调配所需的颜色，对象描边的颜色填充效果如图5-120所示。

图5-117　　　　　　　图5-118

图5-119　　　　　　　图5-120

5.6.4　编辑描边的样式

1. 设置"限制"选项

"斜接限制"选项可以设置描边沿路径改变方向时的伸展长度。可以在其下拉列表中选择所需的数值，也可以在数值框中直接输入合适的数值，分别将"限制"选项设置为2和20时的对象描边，效果如图5-121所示。

图5-121

2. 设置"端点"和"边角"选项

端点是指一段描边的首端和末端，可以为描边的首端和末端选择不同的端点样式来改变描边端点的形状。使用"钢笔"工具绘制一段描边，单击"描边"控制面板中的3个不同端点样式的按钮，选定的端点样式会应用到选定的描边中，如图5-122所示。

平头端点 　　 圆头端点 　　 方头端点

图5-122

边角是指一段描边的拐点，边角样式就是指描边拐角处的形状。该选项有斜接连接、圆角连接和斜角连接3种不同的转角接合样式。绘制多边形的描边，单击"描边"控制面板中的3个不同转角接合样式按钮，选定的转角接合样式会应用到选定的描边中，如图5-123所示。

斜接连接 　　 圆角连接 　　 斜角连接

图5-123

3. 设置"虚线"选项

虚线选项里包括6个数值框，勾选"虚线"复选项，数值框被激活，第1个数值框默认的虚线值为2pt，如图5-124所示。

图5-124

"虚线"选项用来设定每一段虚线段的长度，在数值框中输入的数值越大，虚线的长度就越长。反之虚线的长度就越短。设置不同虚线长度值的描边效果如图5-125所示。

"间隙"选项用来设定虚线段之间的距离，输入的数值越大，虚线段之间的距离越大。反之虚线段之间的距离就越小。设置不同虚线间隙的描边效果如图5-126所示。

图5-125

图5-126

4. 设置"箭头"选项

"描边"控制面板中有两个可供选择的下拉列表按钮，左侧的是"起点的箭头"，右侧的是"终点的箭头"。选中要添加箭头的曲线，如图5-127所示。单击

"起始箭头"按钮 ，弹出"起始箭头"下拉列表框，单击需要的箭头样式，如图5-128所示。曲线的起始点会出现选择的箭头，效果如图5-129所示。单击"终点的箭头"按钮 ，弹出"终点的箭头"下拉列表框，单击需要的箭头样式，如图5-130所示。曲线的终点会出现选择的箭头，效果如图5-131所示。

图5-127　　　　　　　图5-128

图5-129

图5-130　　　　　　　图5-131

"互换箭头起始处和结束处"按钮 可以互换起始箭头和终点箭头。选中曲线，如图5-132所示。在"描边"控制面板中单击"互换箭头起始处和结束处"按钮，如图5-133所示，效果如图5-134所示。

图5-132　　　　　　　图5-133

图5-134

在"缩放"选项中，左侧的是"箭头起始处的缩放因子"按钮 ，右侧的是"箭头结束处的缩放因子"按钮 ，设置需要的数值，

可以缩放曲线的起始箭头和结束箭头的大小。选中要缩放的曲线，如图5-135所示。单击"箭头起始处的缩放因子"按钮 ，将"箭头起始处的缩放因子"设置为200，如图5-136所示，效果如图5-137所示。单击"箭头结束处的缩放因子"按钮 ，将"箭头结束处的缩放因子"设置为200，效果如图5-138所示。

单击"缩放"选项右侧的"链接箭头起始处和结束处缩放"按钮 ，可以同时改变起始箭头和结束箭头的大小。

图5-135　　　　　　　图5-136

图5-137　　　　　　　图5-138

在"对齐"选项中，左侧的是"将箭头提示扩展到路径终点外"按钮 ，右侧的是"将箭头提示放置于路径终点处"按钮 ，这两个按钮分别可以设置箭头在终点以外和箭头在终点处。选中曲线，如图5-139所示。单击"将箭头提示扩展到路径终点外"按钮 ，如图5-140所示，效果如图5-141所示。单击"将箭头提示放置于路径终点处"按钮 ，箭头在终点处显示，效果如图5-142所示。

图5-139　　　　　　　图5-140

图5-141　　　　　　　图5-142

在"配置文件"选项中，单击"变量宽度配置文件"按钮 ，弹出宽度配置文件下拉列表，如图5-143所示。在下拉列表中选中任意一个宽度配置文件，可以改变曲线描边的形状。

选中曲线，如图5-144所示。单击"变量宽度配置文件"按钮，在弹出的下拉列表中选中任意一个宽度配置文件，如图5-145所示，效果如图5-146所示。

图5-143

图5-144

图5-145　　　　　　图5-146

"配置文件"选项的右侧有两个按钮，分别是"纵向翻转"按钮和"横向翻转"按钮。选中"纵向翻转"按钮，可以改变曲线描边的左右位置。"横向翻转"按钮，可以改变曲线描边的上下位置。

5.7 使用符号

符号是一种能存储在"符号"控制面板中，并且在一个插图中可以多次重复使用的对象。Illustrator CS6提供了"符号"控制面板，专门用来创建、存储和编辑符号。

当需要在一个插图中多次制作同样的对象，并需要对对象进行多次类似的编辑操作时，可以使用符号来完成。这样，可以大大提高效率，节省时间。例如，在一个网站设计中多次应用到一个按钮的图样，这时就可以将这个按钮的图样定义为符号范例，这样可以对按钮符号进行多次重复使用。利用符号体系工具组中的相应工具可以对符号范例进行各种编辑操作。默认设置下的"符号"控制面板如图5-147所示。

在插图中如果应用了符号集合，那么当使用选择工具选取符号范例时，则把整个符号集合同时选中。此时被选中的符号集合只能被移动，而不能被编辑。图5-148所示为应用到插图中的符号范例与符号集合。

图5-147　　　　　　图5-148

> 🔍 **提示**
> Illustrator CS6中的各种对象，如普通的图形、文本对象、复合路径、渐变网格等均可以被定义为符号。

命令介绍

符号命令：符号控制面板具有创建、编辑和存储符号的功能。

5.7.1 课堂案例——制作贺卡

【案例学习目标】学习使用符号面板制作贺卡。

【案例知识要点】使用庆祝面板和自然界面板添加符号图形；使用透明度面板改变图像的混合模式；使用画笔定义和直线工具添加装饰图形；使用文字工具添加文字，效果如图5-149所示。

【效果所在位置】Ch05/效果/制作贺卡.ai。

图5-149

（1）按Ctrl+N组合键新建一个文档，宽度为210mm，高度为143mm，取向为横向，颜色模式为CMYK，单击"确定"按钮。

（2）选择"矩形"工具▣，绘制一个与页面大小相等的矩形，设置图形填充色的C、M、Y、K值分别为2、58、47、0，填充图形，并设置描边色为无，效果如图5-150所示。

图5-150

（3）选择"矩形"工具▣，在适当的位置绘制一个矩形，设置图形描边色的C、M、Y、K值分别为17、0、7、0，在属性栏中选择合适的画笔定义，如图5-151所示，效果如图5-152所示。

图5-151

图5-152

（4）选择"窗口 > 符号库 > 庆祝"命令，弹出"庆祝"面板，选取需要的符号，如图5-153所示。拖曳符号到页面中适当的位置并调整其大小，效果如图5-154所示。

图5-153

图5-154

（5）选择"对象 > 变换 > 对称"命令，在弹出的"镜像"对话框中进行设置，如图5-155所示。单击"复制"按钮，效果如图5-156所示。

图5-155

图5-156

（6）选择"选择"工具▶，拖曳复制的图形到适当的位置，效果如图5-157所示。按住Alt键的同时，拖曳图形到适当的位置，复制图形并调整图形大小，效果如图5-158所示。

图5-157

图5-158

（7）选择"文字"工具Ｔ，在适当的位置输入需要的文字，选择"选择"工具▶，在属性栏中选择合适的字体并设置适当的文字大小，填充文字为白色，效果如图5-159所示。用相同的方法添加其他文字，并填充文字为白色，效果如图5-160所示。

图5-159　　　　　　　　图5-160

（8）选择"直线段"工具 ，在适当的位置绘制直线，设置描边色为白色，在属性栏中将"描边粗细"选项设为1pt，按Enter键，效果如图5-161所示。用相同的方法绘制其他直线，效果如图5-162所示。

图5-161　　　　　　　　图5-162

（9）选择"窗口 > 符号库 > 自然"命令，弹出"自然"面板，选取需要的符号，如图5-163所示。拖曳符号到页面适当的位置并调整其大小，效果如图5-164所示。

图5-163　　　　　　　　图5-164

（10）选择"文件 > 置入"命令，弹出"置入"对话框，选择本书学习资源中的"Ch05 > 素材 > 制作贺卡 > 01"文件，单击"置入"按钮，将图片置入页面中，单击属性栏中的"嵌入"按钮，嵌入图片。选择"选择"工具 ，拖曳图片到适当的位置，效果如图5-165所示。

图5-165

（11）选择"窗口 > 透明度"命令，弹出"透明度"控制面板，将混合模式选项设为"正片叠底"，如图5-166所示，效果如图5-167所示。贺卡制作完成。

图5-166　　　　　　　　图5-167

5.7.2　"符号"控制面板

"符号"控制面板具有创建、编辑和存储符号的功能。单击控制面板右上方的图标 ，弹出其下拉菜单，如图5-168所示。

图5-168

在"符号"控制面板下边有以下6个按钮。

"符号库菜单"按钮 ：包括了多种符号库，可以选择调用。

"置入符号实例"按钮 ：将当前选中的一个符号范例放置在页面的中心。

"断开符号链接"按钮 ：将添加到插图中的符号范例与"符号"控制面板断开链接。

"符号选项"按钮 ：单击该按钮可以打开

"符号选项"对话框，并进行设置。

"新建符号"按钮：单击该按钮可以将选中的要定义为符号的对象添加到"符号"控制面板中作为符号。

"删除符号"按钮：单击该按钮可以删除"符号"控制面板中被选中的符号。

5.7.3 创建和应用符号

1. 创建符号

单击"新建符号"按钮可以将选中的要定义为符号的对象添加到"符号"控制面板中作为符号。

将选中的对象直接拖曳到"符号"控制面板中也可以创建符号，如图5-169所示。

图5-169

2. 应用符号

在"符号"控制面板中选中需要的符号，直接将其拖曳到当前插图中，得到一个符号范例，如图5-170所示。

图5-170

选择"符号喷枪"工具可以同时创建多个符号范例，并且可以将它们作为一个符号集合。

5.7.4 使用符号工具

Illustrator CS6工具箱的符号工具组中提供了8个符号工具，展开的符号工具组如图5-171所示。

"符号喷枪"工具：创建符号集合，可以将"符号"控制面板中的符号对象应用到插图中。

"符号移位器"工具：移动符号范例。

"符号紧缩器"工具：对符号范例进行缩紧变形。

"符号缩放器"工具：对符号范例进行放大操作。按住Alt键，可以对符号范例进行缩小操作。

"符号旋转器"工具：对符号范例进行旋转操作。

"符号着色器"工具：使用当前颜色为符号范例填色。

"符号滤色器"工具：增加符号范例的透明度。按住Alt键，可以减小符号范例的透明度。

"符号样式器"工具：将当前样式应用到符号范例中。

设置符号工具的属性，双击任意一个符号工具将弹出"符号工具选项"对话框，如图5-172所示。

图5-171　　　　　图5-172

"直径"选项：设置笔刷直径的数值。这时的笔刷指的是选取符号工具后光标的形状。

"强度"选项：设定拖曳鼠标时符号范例随鼠标变化的速度，数值越大，被操作的符号范例变化越快。

"符号组密度"选项：设定符号集合中包含符号范例的密度，数值越大，符号集合所包含的符号范例的数目就越多。

"显示画笔大小及强度"复选框：勾选该复选框，在使用符号工具时可以看到笔刷；不勾选该复选框则隐藏笔刷。

使用符号工具应用符号的具体操作如下。

选择"符号喷枪"工具，光标将变成一

个中间有喷壶的圆形，如图5-173所示。在"符号"控制面板中选取一种需要的符号对象，如图5-174所示。

图5-173　　　　　图5-174

在页面上按住鼠标左键不放并拖曳光标，符号喷枪工具将沿着拖曳的轨迹喷射出多个符号范例，这些符号范例将组成一个符号集合，如图5-175所示。

图5-175

使用"选择"工具选中符号集合，再选择"符号移位器"工具，将光标移到要移动的符号范例上按住鼠标左键不放并拖曳光标，光标之中的符号范例将随其移动，如图5-176所示。

使用"选择"工具选中符号集合，选择"符号紧缩器"工具，将光标移到要使用符号紧缩器工具的符号范例上，按住鼠标左键不放并拖曳光标，符号范例被紧缩，如图5-177所示。

图5-176　　　　　图5-177

使用"选择"工具选中符号集合，选择"符号缩放器"工具，将光标移到要调整的符号范例上，按住鼠标左键不放并拖曳光标，光标之中的符号范例将变大，如图5-178所示。按住Alt键，则可缩小符号范例。

图5-178

使用"选择"工具选中符号集合，选择"符号旋转器"工具，将光标移到要旋转的符号范例上，按住鼠标左键不放并拖曳光标，光标之中的符号范例将发生旋转，如图5-179所示。

在"色板"控制面板或"颜色"控制面板中设定一种颜色作为当前色，使用"选择"工具选中符号集合，选择"符号着色器"工具，将光标移到要填充颜色的符号范例上，按住鼠标左键不放并拖曳光标，光标中的符号范例被填充上当前色，如图5-180所示。

图5-179　　　　　图5-180

使用"选择"工具选中符号集合，选择"符号滤色器"工具，将光标移到要改变透明度的符号范例上，按住鼠标左键不放并拖曳光标，光标中的符号范例的透明度将被增大，如图5-181所示。按住Alt键，可以减小符号范例的透明度。

使用"选择"工具选中符号集合，选择"符号样式器"工具，在"图形样式"控制面板中选中一种样式，将光标移到要改变样式的符号范例上，按住鼠标左键不放并拖曳光标，光标中的符号范例将被改变样式，如图5-182所示。

图5-181　　　　　图5-182

使用"选择"工具选中符号集合，选择
"符号喷枪"工具，按住Alt键，在要删除的
符号范例上按住鼠标左键不放并拖曳光标，光
标经过的区域中的符号范例被删除，如图5-183
所示。

图5-183

课堂练习——绘制蔬菜

【练习知识要点】使用钢笔工具、直接选择
工具和网格工具绘制蔬菜主体；使用渐变工具绘制
蔬菜盖；使用模糊命令添加蔬菜的阴影效果；使用
文字工具添加文字，效果如图5-184所示。

【效果所在位置】Ch05/效果/绘制蔬菜.ai。

图5-184

课后习题——绘制海底世界

【习题知识要点】使用渐变工具绘制背
景效果；使用自然界面板和艺术纹理面板添加
符号图形；使用透明度面板改变图形的混合模
式，效果如图5-185所示。

【素材所在位置】Ch05/素材/绘制海底世
界/01、02。

【效果所在位置】Ch05/效果/绘制海底世
界.ai。

图5-185

第 *6* 章

文本的编辑

本章介绍

　　Illustrator CS6提供了强大的文本编辑和图文混排功能。文本对象将和一般图形对象一样可以进行各种变换和编辑，同时还可以通过应用各种外观和样式属性制作出绚丽多彩的文本效果。Illustrator CS6支持多个国家的语言，对于汉字等双字节编码具有竖排功能。

学习目标

◆ 掌握不同类型文字的输入方法。

◆ 熟练掌握字符格式的设置属性。

◆ 熟练掌握段落格式的设置属性。

◆ 掌握如何将文字转为图形。

◆ 了解分栏和链接文本的技巧。

◆ 掌握图文混排的设置。

技能目标

◆ 掌握 "名片" 的制作方法。

◆ 掌握 "情人节宣传卡" 的制作方法。

6.1 创建文本

当准备创建文本时，用鼠标按住"文字"工具 T 不放，弹出文字展开式工具栏，单击工具栏右边的黑色三角形可使文字的展开式工具栏从工具箱中分离出来，如图6-1所示。

工具栏中共有6种文字工具，使用它们可以输入各种类型的文字，以满足不同的文字处理需要。6种文字工具依次为"文字"工具 T 、"区域文字"工具 、"路径文字"工具 、"直排文字"工具 IT 、"直排区域文字"工具 和"直排路径文字"工具 。

文字可以直接输入，也可以通过选择"文件 > 置入"命令从外部置入。单击各个文字工具，会显示文字工具对应的光标，如图6-2所示。从当前文字工具的光标样式可以知道创建文字对象的样式。

图6-1

图6-2

命令介绍

文字工具：可以输入点文本和文本框。

路径文字工具：可以在创建文本时，让文本沿着一个开放或闭合路径的边缘进行水平或垂直方向排列，路径可以是规则或不规则的。

6.1.1 课堂案例——制作名片

【案例学习目标】学习使用绘图工具、文字工具、剪切蒙版命令制作名片。

【案例知识要点】使用矩形工具制作背景底图；使用椭圆工具、直线工具和剪切蒙版命令绘制图案；使用文字工具添加并编辑文字；使用透明度命令调整图形混合模式和不透明度，效果如图6-3所示。

【效果所在位置】Ch06/效果/制作名片.ai。

图6-3

（1）按Ctrl+N组合键新建一个文档，宽度为297mm，高度为210mm，取向为横向，颜色模式为CMYK，单击"确定"按钮。

（2）选择"矩形"工具 ，绘制一个与页面大小相等的矩形，设置图形填充色的C、M、Y、K值分别为19、8、12、0，填充图形，并设置描边色为无，效果如图6-4所示。

（3）选择"直线段"工具 ，在适当的位置绘制直线，设置描边色的C、M、Y、K值分别为71、0、34、0，在属性栏中将"描边粗细"选项设为1pt，效果如图6-5所示。

图6-4   图6-5

（4）选择"对象 > 路径 > 轮廓化描边"命令，效果如图6-6所示。选择"选择"工具 ，按住Alt键的同时，向右上角拖曳直线到适当的位置复制图形，如图6-7所示。连续按Ctrl+D组合键，复制出多条直线，效果如图6-8所示。选择"椭圆"工具 ，按住Shift键的同时，在矩形左上方绘制一个圆形，如图6-9所示。

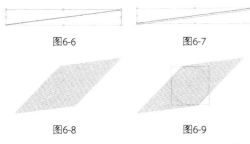

图6-6　　　　　　图6-7

图6-8　　　　　　图6-9

（5）选择"选择"工具，圈选绘制的图形，如图6-10所示。选择"对象 > 剪切蒙版 > 建立"命令，效果如图6-11所示。用上述方法绘制其他图形，并填充适当的颜色，效果如图6-12所示。

图6-10　　　图6-11　　　图6-12

（6）选择"选择"工具，圈选绘制的图形，按Ctrl+G组合键将其群组，并拖曳到适当的位置，效果如图6-13所示。

（7）选择"矩形"工具，在适当的位置绘制矩形，设置图形填充色的C、M、Y、K值分别为50、100、100、31，填充图形，并设置描边色为无，效果如图6-14所示。

图6-13　　　　　　图6-14

（8）选择"文字"工具，在适当的位置拖曳鼠标绘制文本框，输入需要的文字，选择"选择"工具，在属性栏中选择合适的字体并设置适当的文字大小，效果如图6-15所示。选取需要的文字，如图6-16所示。在属性栏中选择合适的字体并设置适当的文字大小，设置文字填充色的C、M、Y、K值分别为50、100、100、31，填充文字，效果如图6-17所示。用相同的方法分别调整其他的文字，效果如图6-18所示。

图6-15　　　　　　图6-16

图6-17　　　　　　图6-18

（9）选择"直线段"工具，在适当的位置绘制直线，设置描边色为白色，在属性栏中将"描边粗细"选项设为1pt，效果如图6-19所示。

（10）按Ctrl+O组合键，打开本书学习资源中的"Ch06 > 素材 > 制作名片 > 01"文件，选择"选择"工具，选取需要的图形，拖曳到适当的位置，效果如图6-20所示。用相同的方法分别拖曳其他图形到适当的位置，并填充适当的颜色，效果如图6-21所示。

图 6-19　　　图 6-20　　图 6-21

（11）选择"文字"工具，在适当的位置拖曳鼠标绘制文本框，输入需要的文字，选择"选择"工具，在属性栏中选择合适的字体并设置适当的文字大小，设置文字填充色的C、M、Y、K值分别为50、100、100、31，填充文字，效果如图6-22所示。

（12）选择"文件 > 置入"命令，弹出"置入"对话框，选择本书学习资源中的"Ch06 > 素材 > 制作名片 > 02"文件，单击"置入"按钮，将图片置入页面中，单击属性栏中的"嵌入"按钮，嵌入图片。选择"选择"工具，拖曳图片到适当的位置，效果如图6-23所示。

图6-22　　　　　　图6-23

（13）选择"窗口 > 透明度"命令，弹出"透明度"控制面板，将混合模式选项设为"正片叠底"，将"不透明度"选项设为57%，如图6-24所示，效果如图6-25所示。名片制作完成。

图6-24

图6-25

6.1.2　文本工具的使用

利用"文字"工具 T 和"直排文字"工具 IT 可以直接输入沿水平方向和直排方向排列的文本。

1. 输入点文本

选择"文字"工具 T 或"直排文字"工具 IT，在绘图页面中单击鼠标，出现插入文本光标，切换到需要的输入法并输入文本，如图6-26所示。当输入文本需要换行时，按Enter键开始新的一行。

结束文字的输入后，单击"选择"工具 ▶ 即可选中所输入的文字，这时文字周围将出现一个选择框，文本上的细线是文字基线的位置，效果如图6-27所示。

图6-26　　　　　　图6-27

🔍 提示

当输入文本需要换行时，按Enter键开始新的一行。

2. 输入文本框

使用"文字"工具 T 或"直排文字"工具 IT 可以定制一个文本框，然后在文本框中输入文字。

选择"文字"工具 T 或"直排文字"工具 IT，在页面中需要输入文字的位置单击并按住鼠标左键拖曳，如图6-28所示。当绘制的文本框大小符合需要时，释放鼠标，页面上会出现一个蓝色边框的矩形文本框，矩形文本框左上角会出现插入光标，如图6-29所示。

图6-28　　　　　　图6-29

可以在矩形文本框中输入文字，输入的文字将在指定的区域内排列，如图6-30所示。当输入的文字排到矩形文本框的边界时，文字将自动换行，文本框的效果如图6-31所示。

图6-30　　　　　　图6-31

6.1.3　区域文本工具的使用

在Illustrator CS6中，还可以创建任意形状的文本对象。绘制一个填充颜色的图形对象，如图6-32所示。选择"文字"工具 T 或"区域文字"工具 T，当鼠标指针移动到图形对象的边框上时，指针将变成"⬉⬆"形状，如图6-33所示。在图形对象上单击，图形对象的填色和描边属性被取消，图形对象转换为文本路径，并且在图形对象内出现一个闪烁的插入光标。

图6-32　　　　　　图6-33

在插入光标处输入文字，输入的文本会按水平方向在该对象内排列。如果输入的文字超出了文本路径所能容纳的范围，将出现文本溢出的现象，这时文本路径的右下角会出现一个红色"⊞"标志的小正方形，效果如图6-34所示。

使用"选择"工具⬉选中文本路径，拖曳文本路径周围的控制点来调整文本路径的大小，可以显示所有的文字，效果如图6-35所示。

图6-34　　　　　　图6-35

使用"直排文字"工具⬆或"直排区域文字"工具⬆与使用"文字"工具⬆的方法是一样的，但"直排文字"工具⬆或"直排区域文字"工具⬆在文本路径中可以创建竖排的文字，如图6-36所示。

图6-36

6.1.4　路径文本工具的使用

使用"路径文字"工具⬆和"直排路径文字"工具⬆，可以在创建文本时，让文本沿着一个开放或闭合路径的边缘进行水平或垂直方向的排

列，路径可以是规则或不规则的。如果使用这两种工具，原来的路径将不再具有填色或描边的属性。

1.　创建路径文本

（1）沿路径创建水平方向文本。

使用"钢笔"工具⬆，在页面上绘制一个任意形状的开放路径，如图6-37所示。使用"路径文字"工具⬆，在绘制好的路径上单击，路径将转换为文本路径，文本插入点将位于文本路径的左侧，如图6-38所示。

图6-37　　　　　　图6-38

在光标处输入所需要的文字，文字将会沿着路径排列，文字的基线与路径是平行的，效果如图6-39所示。

图6-39

（2）沿路径创建垂直方向文本。

使用"钢笔"工具⬆，在页面上绘制一个任意形状的开放路径，使用"直排路径文字"工具⬆在绘制好的路径上单击，路径将转换为文本路径，文本插入点将位于文本路径的左侧，如图6-40所示。在光标处输入所需要的文字，文字将会沿着路径排列，文字的基线与路径是直排的，效果如图6-41所示。

图6-40

图6-41

2.　编辑路径文本

如果对创建的路径文本不满意，可以对其进行编辑。

选择"选择"工具⬉或"直接选择"工具⬆，选取要编辑的路径文本。这时在文本开始

处会出现一个"I"形的符号，如图6-42所示。

图6-42

拖曳文字中部的"I"形符号，可沿路径移动文本，效果如图6-43所示。还可以按住"I"形的符号向路径相反的方向拖曳，文本会翻转方向，效果如图6-44所示。

图6-43

图6-44

6.2 编辑文本

在Illustrator CS6中，文本对象可以任意调整，还可以通过改变文本框的形状来编辑文本。

使用"选择"工具单击文本，可以选中文本对象。完全选中的文本框包括内部文字与文本框。文本框被选中的时候，文字中的基线就会显示出来，如图6-45所示。

当文本对象完全被选中后，用鼠标拖曳可以移动其位置。选择"对象 > 变换 > 移动"命令，弹出"移动"对话框，可以通过设置数值来精确移动文本对象。

选择"选择"工具，单击文本框上的控制点并拖动，可以改变文本框的大小，如图6-46所示，释放鼠标，效果如图6-47所示。

图 6-45　　图 6-46　　图 6-47

使用"比例缩放"工具可以对选中的文本对象进行缩放，如图6-48所示。选择"对象 > 变换 > 缩放"命令，弹出"比例缩放"对话框，可以通过设置数值精确地缩放文本对象，效果如图6-49所示。

图 6-48　　图 6-49

编辑部分文字时，先选择"文字"工具T，移动鼠标指针到文本上，单击插入光标并按住鼠标左键拖曳，即可选中部分文本。选中的文本将反白显示，效果如图6-50所示。

使用"选择"工具在文本区域内双击，进入文本编辑状态。在文本编辑状态下，双击一句话即可选中这句话；按Ctrl+A组合键，可以选中整个段落，如图6-51所示。

选择"对象 > 路径 > 清理"命令，弹出"清理"对话框，如图6-52所示，勾选"空文本路径"复选框可以删除空的文本路径。

图6-50　　　　图6-51　　　　图6-52

提示

编辑文本之前，必须选中文本。在其他的软件中复制文本，再在Illustrator CS6中选择"编辑 > 粘贴"命令，可以将其他软件中的文本复制到Illustrator CS6中。

6.3 设置字符格式

在Illustrator CS6中，可以设定字符的格式。这些格式包括文字的字体、字号、颜色、字符间距等。

选择"窗口 > 文字 > 字符"命令（组合键为Ctrl+T），弹出"字符"控制面板，如图6-53所示。

图6-53

设置字体系列：单击选项文本框右侧的按钮▼，可以从弹出的下拉列表中选择一种需要的字体。

"设置字体大小"选项T̅：用于控制文本的大小，单击数值框左侧的上、下微调按钮，可以逐级调整字号大小的数值。

"设置行距"选项：用于控制文本的行距，定义文本中行与行之间的距离。

"垂直缩放"选项：可以使文字尺寸横向保持不变，纵向被缩放，缩放比例小于100%表示文字被压扁，大于100%表示文字被拉长。

"水平缩放"选项：可以使文字的纵向大小保持不变，横向被缩放，缩放比例小于100%表示文字被压扁，大于100%表示文字被拉伸。

"设置两个字符间的字距微调"选项：用于调整字符之间的水平间距。输入正值时，字距变大，输入负值时，字距变小。

"设置所选字符的字距调整"选项：用于细微地调整字符与字符之间的距离。

"设置基线偏移"选项：用于调节文字的上下位置。可以通过该设置为文字制作上标或下标。正值时表示文字上移，负值时表示文字下移。

"字符旋转"选项：用于设置字符的旋转角度。

命令介绍

字体和字号命令：设定文字的字体和大小。

6.3.1 课堂案例——制作情人节宣传卡

【案例学习目标】学习使用字符命令制作情人节宣传卡。

【案例知识要点】使用文字工具和字符面板添加文字，效果如图6-54所示。

【效果所在位置】Ch06/效果/制作情人节宣传卡.ai。

图6-54

（1）按Ctrl+N组合键新建一个文档，设置文档的宽度为285mm，高度为210mm，取向为横向，颜色模式为CMYK，单击"确定"按钮。

（2）选择"文件 > 置入"命令，弹出"置入"对话框，选择本书学习资源中的"Ch06 > 素材 > 制作情人节宣传卡 > 01"文件，单击"置入"按钮，将图片置入页面中，单击属性栏中的"嵌入"按钮，嵌入图片。选择"选择"工具，拖曳图片到适当的位置，效果如图6-55所示。

图6-55

（3）选择"文字"工具T，在页面中分别

输入需要的文字，选择"选择"工具 ▶，在属性栏中分别选择合适的字体并设置文字大小，效果如图6-56所示。

图6-56

（4）按住Shift键的同时，选取需要的文字，设置文字填充色的C、M、Y、K值分别为0、0、100、0，填充文字，效果如图6-57所示。选取中间的英文，填充文字为白色，效果如图6-58所示。

图6-57　　　　　　图6-58

（5）双击"倾斜"工具 ⊿，弹出"倾斜"对话框，选项的设置如图6-59所示，单击"确定"按钮，效果如图6-60所示。

图6-59　　　　　　图6-60

（6）选择"文字"工具 T，输入需要的文字，选择"选择"工具 ▶，在属性栏中选择合适的字体并设置文字大小，效果如图6-61所示。选取文字，设置文字填充色的C、M、Y、K值分别为6、45、93、0，填充文字。在属性栏中将"不透明度"选项设为80%，效果如图6-62所示。情人节宣传卡制作完成，效果如图6-63所示。

图6-61　　　　　　图6-62

图6-63

6.3.2　设置字体和字号

选择"字符"控制面板，在"字体系列"选项的下拉列表中选择一种字体即可将该字体应用到选中的文字中，各种字体的效果如图6-64所示。

Illustrator 文鼎齿轮体　　Illustrator 文鼎弹簧体　　Illustrator 文鼎花瓣体

Illustrator Arial　　Illustrator Arial Black　　Illustrator ITC Garamon

图6-64

Illustrator CS6提供的每种字体都有一定的字形，如常规、加粗、斜体等，字体的具体选项因字而定。

🔍 **提示**

默认字体单位为pt，72pt相当于1英寸。默认状态下字号为12pt，可调整的范围为0.1～1296。

设置字体的具体操作如下。

选中部分文本，如图6-65所示。选择"窗口＞文字＞字符"命令，弹出"字符"控制面板，从"字体"选项的下拉列表中选择一种字体，如图6-66所示。或选择"文字＞字体"命令，在列出的字

图6-65

体中进行选择，更改文本字体后的效果如图6-67所示。

图6-66   图6-67

选中文本，如图6-68所示。单击"字体大小"选项 T ⇕12 pt ⇕ 数值框后的按钮▼，在弹出的下拉列表中可以选择合适的字体大小，也可以通过数值框左侧的上、下微调按钮⇕来调整字号大小。文本字号分别为20pt和15pt时的效果如图6-69所示。

图6-68   图6-69

6.3.3 调整字距

当需要调整文字或字符之间的距离时，可使用"字符"控制面板中的两个选项，即"设置两个字符间的字距微调"选项⅄和"设置所选字符的字距调整"选项Ⅶ。"设置两个字符间的字距微调"选项⅄用来控制两个文字或字母之间的距离。"设置所选字符的字距调整"选项Ⅶ可使两个或更多个被选择的文字或字母之间保持相同的距离。

选中要设定字距的文字，在"字符"控制面板中的"设置两个字符间的字距微调"选项⅄的下拉列表中选择"自动"选项，这时程序就会以最合适的参数值设置选中文字的距离。

♪提示

在"特殊字距"选项的数值框中输入0时，将关闭自动调整文字距离的功能。

"设置两个字符间的字距微调"选项⅄只有在两个文字或字符之间插入光标时才能进行设置。将光标插入需要调整间距的两个文字或字符之间，如图6-70所示。在"设置两个字符间的字距微调"选项⅄的数值框中输入所需要的数值，就可以调整两个文字或字符之间的距离。设置数值为300，按Enter键确认，字距效果如图6-71所示，设置数值为-300，按Enter键确认，效果如图6-72所示。

图6-70   图6-71   图6-72

"设置所选字符的字距调整"选项Ⅶ可以同时调整多个文字或字符之间的距离。选中整个文本对象，如图6-73所示。在"设置所选字符的字距调整"选项Ⅶ的数值框中输入所需要的数值，可以调整文本字符间的距离。设置数值为200，按Enter键确认，字距效果如图6-74所示，设置数值为-200，按Enter键确认，字距效果如图6-75所示。

图6-73   图6-74   图6-75

6.3.4 设置行距

行距是指文本中行与行之间的距离。如果没有自定义行距值，系统将使用自动行距，这时系统将以最适合的参数设置行间距。

选中文本，如图6-76所示。在"字符"控制面板中的"行距"选项⅍的数值框中输入所需要的数值，可以调整行与行之间的距离。设置"行距"数值为55，按Enter键确认，行距效果如图6-77所示。

图6-76　　　　　　　图6-77

6.3.5　水平或垂直缩放

当改变文本的字号时，它的高度和宽度将同时发生改变，而利用"垂直缩放"选项IT或"水平缩放"选项I可以单独改变文本的高度和宽度。

默认状态下，对于横排的文本，"垂直缩放"选项IT保持文字的宽度不变，只改变文字的高度；"水平缩放"选项I将在保持文字高度不变的情况下，改变文字宽度；对于竖排的文本，会产生相反的效果，即"垂直缩放"选项IT改变文本的宽度，"水平缩放"选项I改变文本的高度。

选中文本，如图6-78所示，文本为默认状态下的效果。在"垂直缩放"选项IT的数值框内设置数值为150%，按Enter键确认，文字的垂直缩放效果如图6-79所示。

在"水平缩放"选项I的数值框内设置数值为130%，按Enter键确认，文字的水平缩放效果如图6-80所示。

图6-78　　　　图6-79　　　　图6-80

6.3.6　基线偏移

基线偏移就是改变文字与基线的距离，从而提高或降低被选中文字相对于其他文字的排列位置，达到突出显示的目的。使用"基线偏移"选项A可以创建上标或下标，或者在不改变文本方向的情况下，更改路径文本在路径上的排列位置。

如果"基线偏移"选项A在"字符"控制面板中是隐藏的，可以从"字符"控制面板的弹出式菜单中选择"显示选项"命令，如图6-81所示，显示出"基线偏移"选项A，如图6-82所示。

图6-81

图6-82

设置"基线偏移"选项A可以改变文本在路径上的位置。文本在路径的外侧时选中文本，如图6-83所示。在"基线偏移"选项A的数值框中设置数值为-30，按Enter键确认，文本移动到路径的内侧，效果如图6-84所示。

图6-83　　　　　　　图6-84

通过设置"基线偏移"选项A，还可以制作出有上标和下标显示的数学题。输入需要的数值，如图6-85所示，将表示平方的字符"2"选中并使用较小的字号，如图6-86所示。再在"基线偏移"选项A的数值框中设置数值为28，按Enter键确认，平方的字符制作完成，如图6-87所示。使用相同的方法就可以制作出数学题，效果如图6-88所示。

$22 + 52 = 29$　　　　$2\,2 + 52 = 29$

图6-85　　　　　　　图6-86

$2^2 + 52 = 29$　　　　$2^2 + 5^2 = 29$

图6-87　　　　　　　图6-88

🔍 **提示**

若要取消"基线偏移"的效果，选择相应的文本后，在"基线偏移"选项的数值框中设置数值为0即可。

6.3.7　文本的颜色和变换

Illustrator CS6中的文字和图形一样，具有填充和描边属性。文字在默认设置状态下，描边颜色为无色，填充颜色为黑色。

使用工具箱中的"填色"或"描边"按钮，可以将文字设置在填充或描边状态。使用"颜色"控制面板可以填充或更改文本的填充颜色或描边颜色。使用"色板"控制面板中的颜色和图案可以为文字上色和填充图案。

🔍 **提示**

在对文本进行轮廓化处理前，渐变的效果不能应用到文字上。

选中文本，如图6-89所示，在工具箱中单击"填色"按钮，在"色板"控制面板中单击需要的颜色，如图6-90所示，文字的颜色填充效果如图6-91所示。

Happy Day

图6-89　　　　　　　　　图6-90

Happy Day

图6-91

在"色板"控制面板中，单击面板右上方的图标，在弹出的菜单中选择"打开色板库 > 图案 > 自然 > 自然_叶子"命令，在弹出的"自然_叶子"控制面板中单击需要的图案，如图6-92所示，文字的图案填充效果如图6-93所示。

图6-92　　　　　　　　　图6-93

选中文本，在工具箱中单击"描边"按钮，在弹出的"自然_叶子"控制面板中单击需要的图案，如图6-94所示。在"描边"控制面板中设置描边的粗细，如图6-95所示，文字的描边效果如图6-96所示。

图6-94

图6-95

Happy Day

图6-96

选择"对象 > 变换"命令或"变换"工具，可以对文本进行变换。选中要变换的文本，再利用各种变换工具对文本进行旋转、对称、缩放、倾斜等变换操作。对文本使用倾斜效果如图6-97所示，旋转效果如图6-98所示，对称效果如图6-99所示。

Happy Day　**Happy Day**

图6-97　　　　　　　　　图6-98

Happy Day

图6-99

"段落"控制面板提供了文本对齐、段落缩进、段落间距，以及制表符等设置，可用于处理较长的文本。选择"窗口 > 文字 > 段落"命令（组合键为Alt+Ctrl+T），弹出"段落"控制面板，如图6-100所示。

图6-100

6.4.1 文本对齐

文本对齐是指所有的文字在段落中按一定的标准有序地排列。Illustrator CS6提供了7种文本对齐的方式，分别是"左对齐"、"居中对齐"、"右对齐"、"两端对齐末行左对齐"、"两端对齐末行居中对齐"、"两端对齐末行右对齐"、"全部两端对齐"。

选中要对齐的段落文本，单击"段落"控制面板中的各个对齐方式按钮，应用不同对齐方式的段落文本效果如图6-101所示。

左对齐

居中对齐　　　　　右对齐

两端对齐末行左对齐　　两端对齐末行居中对齐

两端对齐末行右对齐　　全部两端对齐

图6-101

6.4.2 段落缩进

段落缩进是指在一个段落文本开始时需要空出字符位置。选定的段落文本可以是文本框、区域文本或文本路径。段落缩进有5种方式，"左缩进"、"右缩进"、"首行左缩进"、"段前间距"、"段后间距"。

选中段落文本，单击"左缩进"图标或"右缩进"图标，在缩进数值框内输入合适的数值。单击"左缩进"图标或"右缩进"图标右边的上下微调按钮，一次可以调整1pt。在缩进数值框内输入正值时，表示文本框和文本之间的距离拉开；输入负值时，表示文本框和文本之间的距离缩小。

单击"首行左缩进"图标，在第一行左缩进数值框内输入数值可以设置首行缩进后空出的字符位置。应用"段前间距"图标和"段后间距"图标，可以设置段落间的距离。

选中要缩进的段落文本，单击"段落"控制面板中的各个缩进方式按钮，应用不同缩进方式的段落文本效果如图6-102所示。

左缩进　　　　　右缩进

首行左缩进　　　　段前间距

段后间距

图6-102

6.5 创建文本轮廓

在Illustrator CS6中，将文本转化为轮廓后，可以像对其他图形对象一样进行编辑和操作。通过这种方式，可以创建多种特殊文字效果。

选中文本，选择"文字 > 创建轮廓"命令（组合键为Shift+Ctrl+O），创建文本轮廓，如图6-103所示。文本转化为轮廓后，可以对文本进行

渐变填充，效果如图6-104所示，还可以对文本应用滤镜，效果如图6-105所示。

孟浩然　孟浩然　孟浩然

图6-103　　　　　图6-104　　　　　图6-105

> 🔍 **提示**
>
> 文本转化为轮廓后，将不再具有文本的一些属性，这就需要在文本转化成轮廓之前先按需要调整文本的字体大小。而且将文本转化为轮廓时，会把文本框中的文本全部转化为路径。不能在一行文本内转化单个文字，要想转化一个单独的文字为轮廓，可以创建只包括该字的文本，然后进行转化。

6.6 分栏和链接文本

在Illustrator CS6中，大的段落文本经常采用分栏这种页面形式。分栏时，可自动创建链接文本，也可手动创建文本的链接。

6.6.1 创建文本分栏

在Illustrator CS6中，可以对一个选中的段落文本框进行分栏。不能对点文本或路径文本进行分栏，也不能对一个文本框中的部分文本进行分栏。

选中要进行分栏的文本框，如图6-106所示。选择"文字 > 区域文字选项"命令，弹出"区域文字选项"对话框，如图6-107所示。

图6-106

图6-107

在"行"选项组中的"数量"选项中输入行数，所有的行自动定义为相同的高度，建立文本分栏后可以改变各行的高度。"跨距"选项用于设置行的高度。

在"列"选项组中的"数量"选项中输入栏数，所有的栏自动定义为相同的宽度，建立文本

分栏后可以改变各栏的宽度。"跨距"选项用于设置栏的宽度。

单击"文本排列"选项后的图标按钮，如图6-108所示。选择一种文本流在链接时的排列方式，每个图标上的方向箭头指明了文本流的方向。

图6-108

"区域文字选项"对话框如图6-109所示进行设定，单击"确定"按钮创建文本分栏，效果如图6-110所示。

图6-109　　　　　图6-110

6.6.2　链接文本框

如果文本框出现文本溢出的现象，可以通过

调整文本框的大小显示所有的文本，也可以将溢出的文本链接到另一个文本框中，还可以进行多个文本框的链接。点文本和路径文本不能被链接。

选择有文本溢出的文本框。在文本框的右下角出现了田图标，表示因文本框太小有文本溢出，绘制一个闭合路径或创建一个文本框，同时将文本框和闭合路径选中，如图6-111所示。

图6-111

选择"文字 > 串接文本 > 创建"命令，左边文本框中溢出的文本会自动移到右边的闭合路径中，效果如图6-112所示。

图6-112

如果右边的文本框中还有文本溢出，可以继续添加文本框来链接溢出的文本，方法同上。链接的多个文本框其实还是一个文本框。选择"文字 > 串接文本 > 释放所选文字"命令，可以解除各文本框之间的链接状态。

6.7　图文混排

图文混排效果是版式设计中经常使用的一种效果，使用文本绕图命令可以制作出漂亮的图文混排效果。文本绕图对整个文本框起作用，对于文本框中的部分文本，以及点文本、路径文本都不能进行文本绕图。

在文本框上放置图形并调整好位置，同时选中文本框和图形，如图6-113所示。选择"对象 > 文本绕排 > 建立"命令，建立文本绕排，文本和图形结合在一起，效果如图6-114所示。要增加绕

排的图形，可先将图形放置在文本框上，再选择"对象 > 文本绕排 > 建立"命令，文本绕图将会重新排列，效果如图6-115所示。

图6-113

图6-114　　　　　　6-115

选中文本绕图对象，然后选择"对象 > 文本绕排 > 释放"命令，可以取消文本绕图。

🔍 提示

　　图形必须放置在文本框之上才能进行文本绕图。

课堂练习——制作桌面图标

　　【练习知识要点】使用椭圆工具、渐变工具和星星工具绘制图标图形；使用文字工具输入路径文字，效果如图6-116所示。

　　【效果所在位置】Ch06/效果/制作桌面图标.ai。

图6-116

课后习题——制作冰淇淋招贴

　　【习题知识要点】使用矩形工具、圆角矩形工具、椭圆工具和路径查找器面板制作背景；使用矩形工具和旋转命令制作条纹状图案；使用文字工具添加宣传文字；使用封套工具制作文字的封套效果，效果如图6-117所示。

　　【素材所在位置】Ch06/素材/制作冰淇淋招贴/01~03。

　　【效果所在位置】Ch06/效果/制作冰淇淋招贴.ai。

图6-117

第 7 章

图表的编辑

本章介绍

Illustrator CS6不仅具有强大的绘图功能，还具有强大的图表处理功能。本章将系统地介绍Illustrator CS6中提供的9种基本图表形式，通过学习图表工具，读者可以创建出各种不同类型的表格，以更好地表现复杂的数据。另外，自定义图表各部分的颜色，以及将创建的图案应用到图表中，能更加生动地表现数据内容。

学习目标

◆ 掌握图表的创建方法。

◆ 了解不同图表之间的转换技巧。

◆ 掌握图表的属性设置。

◆ 掌握自定义图表图案的方法。

技能目标

◆ 掌握"汽车数据统计表"的制作方法。

◆ 掌握"汽车图案统计表"的制作方法。

7.1 创建图表

Illustrator CS6中提供了9种不同的图表工具,利用这些工具可以创建不同类型的图表。

命令介绍

条形图工具:以水平方向上的矩形来显示图表中的数据。

7.1.1 课堂案例——制作汽车数据统计表

【**案例学习目标**】学习使用图表绘制工具绘制图表。

【**案例知识要点**】使用条形图工具绘制图表,效果如图7-1所示。

【**效果所在位置**】Ch07/效果/制作汽车数据统计表.ai。

图7-1

(1)按Ctrl+N组合键新建一个文档,宽度为297mm,高度为210mm,取向为横向,颜色模式为CMYK,单击"确定"按钮。选择"矩形"工具▢,在适当的位置绘制矩形,填充图形为黑色,并设置描边色为无,效果如图7-2所示。选择"矩形"工具▢,再绘制一个矩形,如图7-3所示。

图7-2   图7-3

(2)双击"渐变"工具▣,弹出"渐变"控制面板,在色带上设置2个渐变滑块,分别将渐变

滑块的位置设为0、100,并设置C、M、Y、K的值分别为0(0、0、0、80)、100(0、0、0、90),其他选项的设置如图7-4所示,图形被填充为渐变色,并设置描边色为无,效果如图7-5所示。

图7-4   图7-5

(3)选择"文件>置入"命令,弹出"置入"对话框,选择本书学习资源中的"Ch07>素材>制作汽车数据统计表>01"文件,单击"置入"按钮,置入文件。单击属性栏中的"嵌入"按钮,嵌入图片,并调整其大小和位置,效果如图7-6所示。

(4)选择"矩形"工具▢,绘制一个矩形,如图7-7所示。选择"选择"工具▶,将图片和矩形同时选取,如图7-8所示。按Ctrl+7组合键,创建剪切蒙版,效果如图7-9所示。

图7-6   图7-7

图7-8   图7-9

(5)选择"文字"工具T,在图形上分别输入需要的文字,选择"选择"工具▶,在属性

栏中分别选择合适的字体和文字大小，填充文字为白色，效果如图7-10所示。选取上方的文字，选择"窗口 > 文字 > 字符"命令，弹出"字符"面板，选项的设置如图7-11所示，按Enter键确认操作，效果如图7-12所示。设置文字填充色的C、M、Y、K值分别为12、40、90、0，填充文字，效果如图7-13所示。

图7-10

图7-11

图7-12

图7-13

（6）选择"矩形"工具▢，在适当的位置绘制矩形。双击"渐变"工具▣，弹出"渐变"控制面板，在色带上设置2个渐变滑块，分别将渐变滑块的位置设为0、100，并设置C、M、Y、K的值分别为0（100、0、0、80）、100（0、0、0、100），其他选项的设置如图7-14所示，图形被填充为渐变色，并设置描边色为无，效果如图7-15所示。

图7-14

图7-15

（7）选择"条形图"工具▦，在页面中拖曳光标绘制图表区域，如图7-16所示。弹出"图表数据"对话框，在对话框中输入需要的文字，如图7-17所示。输入完成后，单击"应用"按钮✓，关闭"图表数据"对话框，建立柱形图表，效果如图7-18所示。

图7-16

图7-17

图7-18

（8）选择"直接选择"工具▯，选取图表中需要的文字，如图7-19所示。选择"选择"工具▯，在属性栏中分别选择合适的字体和文字大小，如图7-20所示。填充文字为白色，效果如图7-21所示。

图7-19

图7-20

图7-24

图7-21

图7-25

（9）选择"直接选择"工具，选取需要的线条，如图7-22所示，设置描边色为无，效果如图7-23所示。

图7-26

图7-22

7.1.2 图表工具

在工具箱中的"柱形图工具"按钮上单击并按住鼠标左键不放，将弹出图表工具组。工具组中包含的图表工具依次为"柱形图"工具、"堆积柱形图"工具、"条形图"工具、"堆积条形图"工具、"折线图"工具、"面积图"工具、"散点图"工具、"饼图"工具和"雷达图"工具，如图7-27所示。

图7-23

（10）选择"直接选择"工具，选取需要的图形，如图7-24所示。设置图形填充色的C、M、Y、K值分别为60、30、10、0，填充图形，并设置描边色为无，效果如图7-25所示。汽车数据统计表制作完成，效果如图7-26所示。

图7-27

7.1.3 柱形图

柱形图是较为常用的一种图表类型，它使用一些竖排的、高度可变的矩形柱来表示各种数据，矩形的高度与数据大小成正比。

创建柱形图的具体步骤如下。

选择"柱形图"工具，在页面中拖曳光标绘出一个矩形区域来设置图表大小，或在页面上任意位置单击鼠标，将弹出"图表"对话框，如图7-28所示。在"宽度"选项和"高度"选项的数值框中输入图表的宽度和高度数值。设定完成后单击"确定"按钮，将自动在页面中建立图表，如图7-29所示。同时弹出"图表数据"对话框，如图7-30所示。

图7-28　　　　　　图7-29

图7-30

在"图表数据"对话框左上方的文本框中可以直接输入各种文本或数值，然后按Tab键或Enter键确认，文本或数值将会自动添加到"图表数据"对话框的单元格中。用鼠标单击可以选取各个单元格，输入要更改的文本或数据值后，再按Enter键确认。

在"图表数据"对话框右上方有一组按钮。单击"导入数据"按钮，可以从外部文件中输入数据信息。单击"换位行/列"按钮，可将横排和竖排的数据交换位置。单击"切换X/Y轴"按钮，将调换x轴和y轴的位置。单击"单元格样式"按钮，弹出"单元格样式"对话框，可以设置单元格的样式。单击"恢复"按钮，在没

有单击应用按钮以前使文本框中的数据恢复到前一个状态。单击"应用"按钮，确认输入的数值并生成图表。

单击"单元格样式"按钮，将弹出"单元格样式"对话框，如图7-31所示。在该对话框中可以设置小数点的位置和数字栏的宽度。可以在"小数位数"和"列宽度"选项的文本框中输入所需要的数值。另外，将鼠标指针放置在各单元格的相交处时，指针将会变成两条竖线和双向箭头的形状，这时拖曳光标可调整数字栏的宽度。

双击"柱形图"工具，将弹出"图表类型"对话框，如图7-32所示。柱形图表是默认的图表，其他参数也是采用默认设置，单击"确定"按钮。

图7-31　　　　　　图7-32

在"图表数据"对话框中的文本表格的第1格中单击，删除默认数值1。按照文本表格的组织方式输入数据。例如，用表格来比较3个人3科分数情况，如图7-33所示。

图7-33

单击"应用"按钮，生成图表，所输入的数据被应用到图表上，柱形图效果如图7-34所示。从图中可以看到，柱形图是对每一行中的数据进行比较。

在"图表数据"对话框中单击换位行与列按钮，互换行、列数据得到新的柱形图，效果如

图7-35所示。在"图表数据"对话框中单击关闭按钮X将对话框关闭。

图7-34

图7-35

当需要对柱形图中的数据进行修改时，先选中要修改的图表，选择"对象 > 图表 > 数据"命令，弹出"图表数据"对话框。在对话框中可以再修改数据，设置数据后，单击"应用"按钮☑，将修改后的数据应用到选定的图表中。

选中图表，用鼠标右键单击页面，在弹出的菜单中选择"类型"命令，弹出"图表类型"对话框，可以在对话框中选择其他的图表类型。

7.1.4 其他图表效果

1. 堆积柱形图

堆积柱形图与柱形图类似，只是它们的显示方式不同。柱形图显示为单一的数据比较，而堆积柱形图显示的是全部数据总和的比较。因此，在进行数据总量的比较时，多用堆积柱形图来表示，效果如图7-36所示。从图表中可以看出，堆积柱形图将每个人的数值总量进行比较，并且每一个人都用不同颜色的矩形来显示。

图7-36

2. 条形图和堆积条形图

条形图与柱形图类似，只是柱形图是以垂直方向上的矩形显示图表中的各组数据，而条形图是以水平方向上的矩形来显示图表中的数据，效果如图7-37所示。

图7-37

堆积条形图与堆积柱形图类似，但是堆积条形图是以水平方向的矩形条来显示数据总量的，堆积柱形图正好与之相反。堆积条形图的效果如图7-38所示。

图7-38

3. 折线图

折线图可以显示出某种事物随时间变化的发展趋势，很明显地表现出数据的变化走向。折线图也是一种比较常见的图表，给人以很直接明了的视觉效果。与创建柱形图的步骤相似，选择"折线图"工具☑，拖曳光标绘制出一个矩形区域，或在页面上的任意位置单击鼠标，然后在弹出的"图表数据"对话框中输入相应的数据，最后单击"应用"按钮☑，折线图表的效果如图7-39所示。

图7-39

4. 面积图

面积图可以用来表示一组或多组数据。通过不同折线连接图表中所有的点，形成面积区域，并且折线内部可填充为不同的颜色。面积图表其实与折线图表类似，是一个填充了颜色的线段图表，效果如图7-40所示。

图7-40

5. 散点图

散点图是一种比较特殊的数据图表。散点图的横坐标和纵坐标都是数据坐标，两组数据的交叉点形成了坐标点。因此，它的数据点由横坐标和纵坐标确定。图表中的数据点位置所创建的线能贯穿自身却无具体方向，如图7-41所示。散点图不适用于太复杂的内容，它只适合显示图例的说明。

图7-41

6. 饼图

饼图适用于一个整体中各组成部分的比较。该类图表应用的范围比较广。饼图的数据整体显示为一个圆，每组数据按照其在整体中所占的比例，以不同颜色的扇形区域显示出来。但是它不能准确地显示出各部分的具体数值，效果如图7-42所示。

图7-42

7. 雷达图

雷达图是一种较为特殊的图表类型，它以一种环形的形式对图表中的各组数据进行比较，形成比较明显的数据对比。雷达图适合表现一些变换悬殊的数据，效果如图7-43所示。

图7-43

7.2 设置图表

在Illustrator CS6中，可以重新调整各种类型图表的选项，以及更改某一组数据，还可以解除图表组合，应用描边或填充颜色。

7.2.1 设置"图表数据"对话框

选中图表，单击鼠标右键，在弹出的菜单中选择"数据"命令，或直接选择"对象 > 图表 > 数据"命令，弹出"图表数据"对话框。在对话框中可以进行数据的修改。

编辑一个单元格：选取该单元格，在文本框中输入新的数据，按Enter键确认并下移到另一个单元格。

删除数据：选取数据单元格，删除文本框中的数据，按Enter键确认并下移到另一个单元格。

删除多个数据：选取要删除数据的多个单元格，选择"编辑 > 清除"命令，即可删除多个数据。

更改图表选项：选中图表，双击"图表工具"或选择"对象 > 图表 > 类型"命令，弹出"图表类型"对话框，如图7-44所示。在"数值轴"选项的下拉列表中包括"位于左侧""位于右侧""位于两侧"选项，分别用来表示图表中坐标轴的位置，可根据需要选择（对饼形图表来说此选项不可用）。

图7-44

"样式"选项组包括4个选项。勾选"添加投影"复选框，可以为图表添加一种阴影效果；勾选"在顶部添加图例"复选框，可以将图表中的图例说明放到图表的顶部；勾选"第一行在前"复选框，图表中的各个柱形或其他对象将会重叠地覆盖行，并按照从左到右的顺序排列；勾选"第一列在前"复选框，表示使用默认放置柱形的方式，能够从左到右依次放置柱形。

"选项"选项组包括"列宽"和"簇宽度"两个选项，分别用来控制图表的横栏宽和组宽。横栏宽是指图表中每个柱形条的宽度，组宽是指所有柱形所占据的可用空间。

选择折线图、散点图和雷达图时，"选项"复选框组如图7-45所示。勾选"标记数据点"复选框，使数据点显示为正方形，否则直线段中间的数据点不显示；勾选"连接数据点"复选框，在每组数据点之间进行连线，否则只显示一个个孤立的点；勾选"线段边到边跨X轴"复选框，将线条从图表左边和右边伸出，它对分散图表无作用；勾选"绘制填充线"复选框，将激活其下方的"线宽"选项。

图7-45

选择饼形图时，"选项"选项组如图7-46所示。对于饼形图，"图例"选项控制图例的显示，在其下拉列表中，选择"无图例"选项表示

不要图例；选择"标准图例"选项表示将图例放在图表的外围；选择"楔形图例"选项表示将图例插入相应的扇形中。"位置"选项控制饼形图形以及扇形块的摆放位置，在其下拉列表中，选择"比例"选项将按比例显示各个饼形图的大小；选择"相等"选项将使所有饼形图的直径相等；选择"堆积"选项表示将所有的饼形图叠加在一起。"排序"选项控制图表元素的排列顺序，在其下拉列表中，"全部"选项用于将元素信息由大到小顺时针排列；"第一个"选项用于将最大值元素信息放在顺时针方向的第一个，其余按输入顺序排列；"无"选项用于将元素信息按输入顺序顺时针排列。

图7-46

7.2.2 设置坐标轴

在"图表类型"对话框左上方选项的下拉列表中选择"数值轴"选项，转换为相应的对话框，如图7-47所示。

图7-47

"刻度值"选项组：当勾选"忽略计算出的值"复选项时，下面的3个数值框被激活。"最小值"选项中的数值表示坐标轴的起始值，也就是图表原点的坐标值，它不能大于"最大值"选项的数值；"最大值"选项中的数值表示坐标轴的最大刻度值；"刻度"选项中的数值用来决定将坐标轴上下分为多少部分。

"**刻度线**"选项组："长度"选项的下拉列表中包括3项。选择"无"选项，表示不使用刻度标记；选择"短"选项，表示使用短的刻度标记；选择"全宽"选项，刻度线将贯穿整个图表，效果如图7-48所示。"绘制"选项数值框中的数值表示每一个坐标轴间隔的区分标记。

"**添加标签**"选项组："前缀"选项是指在数值前加符号，"后缀"选项是指在数值后加符号。在"后缀"选项的文本框中输入"分"，图表效果如图7-49所示。

图7-48

图7-49

7.3 ▶ 自定义图表

除了提供图表的创建和编辑这些基本的操作，Illustrator CS6还可以对图表中的局部进行编辑和修改，并且可以自己定义图表的图案，使图表中所表现的数据更加生动。

命令介绍

设计命令：可以将选择的图形对象创建为图表中替代柱形和图例的设计图案。

柱形图命令：可以使用定义的图案替换图表中的柱形和标记。

7.3.1 课堂案例——制作汽车图案统计表

【**案例学习目标**】学习使用柱形图工具和设计命令制作图案图表。

【**案例知识要点**】使用柱形图工具建立柱形图表；使用设计命令定义图案；使用柱形图命令制作图案图表，效果如图7-50所示。

【**效果所在位置**】Ch07/效果/制作汽车图案统计表.ai。

图7-50

（1）按Ctrl+N组合键新建一个文档，宽度为297mm，高度为210mm，取向为横向，颜色模式为CMYK，单击"确定"按钮。按Ctrl+O组合键，打开本书学习资源中的"Ch07 > 效果 > 制作汽车图案统计表"文件，选择"选择"工具 ，选取需要的图形，复制并将其粘贴到正在编辑的页面中，效果如图7-51所示。选择"直接选择"工具 ，选取需要的图形，如图7-52所示。

图7-51   图7-52

（2）选择"窗口 > 链接"命令，弹出"链接"面板，选取文件，如图7-53所示。单击下方的"重新链接"按钮 ，弹出"置入"对话框，选取需要的文件，如图7-54所示。单击"置入"按钮，置入文件，如图7-55所示。在按住Shift键的同时，调整图片的大小，效果如图7-56所示。

图7-53

图7-54

图7-55

图7-56

（3）选择"文字"工具 T ，分别选取需要的文字进行修改，效果如图7-57所示。选择"选择"工具 ，选取上方的文字，设置文字填充色的C、M、Y、K值分别为0、25、90、0，填充文字，效果如图7-58所示。

图7-57

图7-58

（4）选择"柱形图"工具 ，在页面中单击鼠标，在弹出的"图表"对话框中进行设置，如图7-59所示。单击"确定"按钮，弹出"图表数据"对话框，在对话框中输入需要的文字，如图7-60所示。输入完成后，单击"应用"按钮 ，关闭"图表数据"对话框，建立柱形图表，效果如图7-61所示。

图7-59

图7-60

图7-61

（5）保持图表的选取状态。选择"对象 > 图表 > 类型"命令，在弹出的对话框中进行设置，如图7-62所示，单击"确定"按钮，效果如图7-63所示。

图7-62

图7-63

（6）选择"文件 > 置入"命令，弹出"置入"对话框，选择本书学习资源中的"Ch07 > 素材 > 制作汽车图案统计表 > 02"文件，单击"置入"按钮，置入文件。单击属性栏中的"嵌入"按钮，嵌入图片，并调整其大小和位置，效果如图7-64所示。

（7）选择"选择"工具，选取图片，在属性栏中单击"图像描摹"选项下拉列表中的"高保真度照片"选项，如图7-65所示，图像效果如图7-66所示。按Ctrl+Shift+G组合键取消编组。选取需要的图形，如图7-67所示，按Delete键删除图形。

图7-64　　　　图7-65

图7-66　　　　图7-67

（8）选择"选择"工具，选取汽车图形。选择"对象 > 图表 > 设计"命令，弹出"图表设计"对话框，单击"新建设计"按钮，显示所选图形的预览，如图7-68所示。应用"重命名"按钮更改名称，如图7-69所示。单击"确定"按钮，完成图表图案的定义。

图7-68

图7-69

（9）选择"选择"工具，选取图表，选择"对象 > 图表 > 柱形图"命令，弹出"图表列"对话框，选择新定义的图案名称，并在对话框中进行设置，如图7-70所示。单击"确定"按钮，效果如图7-71所示。

图7-70

图7-71

（10）选择"选择"工具，选取图表并将其拖曳到适当的位置，效果如图7-72所示。选择"直接选择"工具，选取图表中需要的文字，如图7-73所示。填充文字为白色，效果如图7-74所示。选择"选择"工具，在属性栏中分别选择合适的字体和文字大小，效果如图7-75所示。

图7-72

图7-73

图7-74

图7-75

（11）选择"直接选择"工具，选取需要的线条，设置直线描边色的C、M、Y、K值分别为68、36、10、0，填充直线，效果如图7-76所示。在属性栏中将"描边粗细"选项设为0.25pt，效果如图7-77所示。

图7-76

图7-77

（12）选择"文字"工具T，在图表上适当的位置分别输入需要的文字，选择"选择"工具，在属性栏中分别选择合适的字体和文字大小，填充文字为白色，效果如图7-78所示。用相同的方法输入其他文字，效果如图7-79所示。汽车图案统计表制作完成。

图7-78

图7-79

7.3.2 自定义图表图案

在页面中绘制图形，效果如图7-80所示。选中图形，选择"对象 > 图表 > 设计"命令，弹出"图表设计"对话框。单击"新建设计"按钮，在预览框中将会显示所绘制的图形，对话框中的"删除设计"按钮、"粘贴设计"按钮和"选择未使用的设计"按钮将被激活，如图7-81所示。

单击"重命名"按钮，弹出"图表设计"对话框，在对话框中输入自定义图案的名称，如图7-82所示，单击"确定"按钮，完成命名。

图7-80　　　　　　　图7-81

图7-82

在"图表设计"对话框中单击"粘贴设计"按钮，可以将图案粘贴到页面中，对其重新进行修改和编辑。编辑修改后的图案，还可以再将其重新定义。在对话框中编辑完成后，单击"确定"按钮，完成对一个图表图案的定义。

7.3.3 应用图表图案

用户可以将自定义的图案应用到图表中。选择要应用图案的图表，再选择"对象 > 图表 > 柱形图"命令，弹出"图表列"对话框。

在"图表列"对话框中，"列类型"选项包括4种缩放图案的类型，"垂直缩放"选项表示根据数据的大小，对图表的自定义图案进行垂直方向上的放大与缩小，水平方向上保持不变；"一致缩放"选项表示图表将按照图案的比例并结合图表中数据的大小对图案进行放大和缩小；"重复堆叠"选项可以把图案的一部分拉伸或压缩。"重复堆叠"选项要和"每个设计表示"选项、"对于分数"选项结合使用。"每个设计表示"选项表示每个图案代表几个单位，如果在数值框中输入50，表示1个图案就代表50个单位。在"对于分数"选项的下拉列表中，"截断设计"选项表示不足一个图案由图案的一部分来表示；"缩放设计"选项表示不足一个图案时，通过对最后那个图案成比例地压缩来表示。设置完成后，如图7-83所示。单击"确定"按钮，将自定义的图案应用到图表中，效果如图7-84所示。

图7-83

图7-84

课堂练习——制作统计图表

【**练习知识要点**】使用条形图工具和渐变工具绘制图表；使用文字工具添加文字；使用直线工具绘制线段，效果如图7-85所示。

【**素材所在位置**】Ch07/素材/制作统计图表/01。

【**效果所在位置**】Ch07/效果/制作统计图表.ai。

图7-85

课后习题——制作银行统计表

【**习题知识要点**】使用柱形图工具建立柱形图图表；使用设计命令定义图案；使用柱形图命令制作图案图表，效果如图7-86所示。

【**素材所在位置**】Ch07/素材/制作银行统计表/01。

【**效果所在位置**】Ch07/效果/制作银行统计表.ai。

图7-86

第 8 章

图层和蒙版的使用

本章介绍

本章将重点讲解Illustrator CS6中图层和蒙版的使用方法。掌握图层和蒙版的功能，可以帮助读者在图形设计中提高效率，快速、准确地设计和制作出精美的平面设计作品。

学习目标

◆ 了解图层的含义与图层面板。

◆ 掌握图层的基本操作方法。

◆ 掌握蒙版的创建和编辑方法。

◆ 掌握不透明度面板的使用方法。

技能目标

◆ 掌握"环保海报"的制作方法。

8.1 图层的使用

在平面设计中，特别是包含复杂图形的设计中，需要在页面上创建多个对象。由于每个对象的大小不一致，小的对象可能隐藏在大的对象下面，这样，选择和查看对象就很不方便。使用图层来管理对象，就可以很好地解决这个问题。图层就像一个文件夹，它可以包含多个对象，也可以对图层进行多种编辑。

选择"窗口>图层"命令（快捷键为F7），弹出"图层"控制面板，如图8-1所示。

图8-1

8.1.1 了解图层的含义

选择"文件>打开"命令，弹出"打开"对话框，选择需要的文件，如图8-2所示，单击"打开"按钮，打开的图像效果如图8-3所示。

图8-2

图8-3

打开图像后，观察"图层"控制面板，可以发现在"图层"控制面板中显示出了3个图层，如图8-4所示。如果只想看到"图层1" ▶ 图层1 上的图像，用鼠标依次单击其他图层的眼睛图标 ，其他图层上的眼睛图标 将关闭，如图8-5所示，这样就只显示"图层1"，此时图像效果如图8-6所示。

图8-4   图8-5

图8-6

Illustrator CS6的图层是透明层，在每一层中可以放置不同的图像，上面的图层将影响下面的图层，修改其中的某一图层不会改动其他的图层，将这些图层叠在一起显示在图像视窗中，就形成了一幅完整的图像。

8.1.2 认识"图层"控制面板

下面来介绍"图层"控制面板。打开一张图像，选择"窗口>图层"命令，弹出"图层"控制面板，如图8-7所示。

图8-7

在"图层"控制面板的右上方有两个系统按钮，分别是"折叠为图标"按钮和"关闭"按钮。单击"折叠为图标"按钮，可以将"图层"控制面板折叠为图标；单击"关闭"按钮，可以关闭"图层"控制面板。

图层名称显示在当前图层中。默认状态下，在新建图层时，如果未指定名称，程序将以数字的递增为图层指定名称，如图层1、图层2等，可以根据需要为图层重新命名。

单击图层名称前的三角形按钮▶，可以展开或折叠图层。当按钮为▶时，表示此图层中的内容处于未显示状态，单击此按钮就可以展开当前图层中所有的选项；当按钮为▼时，表示显示了图层中的选项，单击此按钮，可以将图层折叠起来，这样可以节省"图层"控制面板的空间。

眼睛图标●用于显示或隐藏图层；图层右上方的黑色三角形图标，表示当前正被编辑的图层；锁定图标●表示当前图层和透明区域被锁定，不能被编辑。

"图层"控制面板的最下面有5个按钮，如图8-8所示，它们从左至右依次是定位对象、建立/释放剪切蒙版按钮、创建新子图层按钮、创建新图层按钮和删除所选图层按钮。

图8-8

"定位对象"按钮：单击此按钮，可以选

中所选对象所在的图层。

"建立/释放剪切蒙版"按钮：单击此按钮，将在当前图层上建立或释放一个蒙版。

"创建新子图层"按钮：单击此按钮，可以为当前图层新建一个子图层。

"创建新图层"按钮：单击此按钮，可以在当前图层上面新建一个图层。

"删除所选图层"按钮：即垃圾桶，可以将不想要的图层拖到此处删除。

单击"图层"控制面板右上方的图标，将弹出其下拉式菜单。

8.1.3 编辑图层

使用图层时，可以通过"图层"控制面板对图层进行编辑，如新建图层、新建子图层、为图层设定选项、合并图层和建立图层蒙版等，这些操作都可以通过选择"图层"控制面板下拉式菜单中的命令来完成。

1. 新建图层

（1）使用"图层"控制面板下拉式菜单。

单击"图层"控制面板右上方的图标，在弹出的菜单中选择"新建图层"命令，弹出"图层选项"对话框，如图8-9所示。"名称"选项用于设定当前图层的名称，"颜色"选项用于设定新图层的颜色，设置完成后，单击"确定"按钮，可以得到一个新建的图层。

图8-9

（2）使用"图层"控制面板按钮或快捷键。

单击"图层"控制面板下方的"创建新图层"按钮，可以创建一个新图层。

按住Alt键，单击"图层"控制面板下方的"创建新图层"按钮，将弹出"图层选项"对话框。

按住Ctrl键，单击"图层"控制面板下方的"创建新图层"按钮，不管当前选择的是哪一个图层，都可以在图层列表的最上层新建一个图层。

如果要在当前选中的图层中新建一个子图层，可以单击"创建新子图层"按钮，或从"图层"控制面板下拉式菜单中选择"新建子图层"命令，或按住Alt键的同时，单击"创建新子图层"按钮，也可以弹出"图层选项"对话框，它的设定方法和新建图层是一样的。

2. 选择图层

单击图层名称，图层会显示为深灰色，并在名称后出现一个当前图层指示图标，即黑色三角形图标，表示此图层被选择为当前图层。

按住Shift键，分别单击两个图层，即可选择两个图层之间多个连续的图层。

按住Ctrl键，逐个单击想要选择的图层，可以选择多个不连续的图层。

3. 复制图层

复制图层时，会复制图层中所包含的所有对象，包括路径、编组，以至于整个图层。

（1）使用"图层"控制面板下拉式菜单。

选择要复制的图层"图层3"，如图8-10所示。单击"图层"控制面板右上方的图标，在弹出的菜单中选择"复制'图层3'"命令，复制出的图层在"图层"控制面板中显示为被复制图层的副本。复制图层后，"图层"控制面板的效果如图8-11所示。

图8-10

图8-11

（2）使用"图层"控制面板按钮。

将"图层"控制面板中需要复制的图层拖曳到下方的"创建新图层"按钮上，就可以将所选的图层复制为一个新图层。

4. 删除图层

（1）使用"图层"控制面板的下拉式命令。

选择要删除的图层"图层3_复制"，如图8-12所示。单击"图层"控制面板右上方的图标，在弹出的菜单中选择"删除'图层3_复制'"命令，如图8-13所示，图层即可被删除，删除图层后的"图层"控制面板如图8-14所示。

图8-12

图8-13

图8-14

（2）使用"图层"控制面板按钮。

选择要删除的图层，单击"图层"控制面板下方的"删除所选图层"按钮，可以将图层删除。将需要删除的图层拖曳到"删除所选图层"

按钮 上，也可以删除图层。

5. 隐藏或显示图层

隐藏一个图层时，此图层中的对象在绘图页面上不显示，在"图层"控制面板中可以设置隐藏或显示图层。在制作或设计复杂作品时，可以快速隐藏图层中的路径、编组和对象。

（1）使用"图层"控制面板的下拉式菜单。

选中一个图层，如图8-15所示。单击"图层"控制面板右上方的图标 ，在弹出的菜单中选择"隐藏其他图层"命令，"图层"控制面板中除当前选中的图层外，其他图层都被隐藏，效果如图8-16所示。

图8-15   图8-16

（2）使用"图层"控制面板中的眼睛 图标。

在"图层"控制面板中，单击想要隐藏的图层左侧的眼睛 图标，图层被隐藏。再次单击眼睛图标所在位置的方框，会重新显示此图层。

如果在一个图层的眼睛 图标上单击鼠标，隐藏图层，并按住鼠标左键不放，向上或向下拖曳，光标所经过的图标就会被隐藏，这样可以快速隐藏多个图层。

（3）使用"图层选项"对话框。

在"图层"控制面板中双击图层或图层名称，可以弹出"图层选项"对话框，取消勾选"显示"复选框，单击"确定"按钮，图层被隐藏。

6. 锁定图层

当锁定图层后，此图层中的对象不能再被选择或编辑，使用"图层"控制面板，能够快速锁定多个路径、编组和子图层。

（1）使用"图层"控制面板的下拉式菜单。

选中一个图层，如图8-17所示。单击"图层"控制面板右上方的图标 ，在弹出的菜单中选择"锁定其他图层"命令，"图层"控制面板中除当前选中的图层外，其他所有图层都被锁定，效果如图8-18所示。选择"解锁所有图层"命令，可以解除所有图层的锁定。

图8-17   图8-18

（2）使用对象命令。

选择"对象>锁定>其他图层"命令，可以锁定其他未被选中的图层。

（3）使用"图层"控制面板中的锁定图标。

在想要锁定的图层左侧的方框中单击鼠标，出现锁定 图标，图层被锁定。再次单击锁定 图标，图标消失，即解除对此图层的锁定状态。

如果在一个图层左侧的方框中单击鼠标，锁定图层，并按住鼠标左键不放，向上或向下拖曳，鼠标指针经过的方框中出现锁定 图标，就可以快速锁定多个图层。

（4）使用"图层选项"对话框。

在"图层"控制面板中双击图层或图层名称，可以弹出"图层选项"对话框，选择"锁定"复选项，单击"确定"按钮，图层被锁定。

7. 合并图层

在"图层"控制面板中选择需要合并的图层，如图8-19所示，单击"图层"控制面板右上方的图标 ，在弹出的菜单中选择"合并所选图层"命令，所有选择的图层将合并到最后一个选择的图层或编组中，效果如图8-20所示。

图8-19　　　　　　　　图8-20

选择弹出式菜单中的"拼合图稿"命令，所有可见的图层将合并为一个图层，合并图层时，不会改变对象在绘图页面上的排序。

8.1.4　使用图层

使用"图层"控制面板可以选择绘图页面中的对象，还可以切换对象的显示模式，更改对象的外观属性。

1. 选择对象

（1）使用"图层"控制面板中的目标图标。

在同一图层中的几个图形对象处于未选取状态，如图8-21所示。单击"图层"控制面板中要选择对象所在图层右侧的目标图标○，如图8-22所示。目标图标变为◎，此时，图层中的对象被全部选中，效果如图8-23所示。

图8-21　　　　　　　　图8-22

图8-23

（2）结合快捷键并使用"图层"控制面板。

按住Alt键的同时，单击"图层"控制面板中的图层名称，此图层中的对象将被全部选中。

（3）使用"选择"菜单下的命令。

使用"选择"工具▶选中同一图层中的一个对象，如图8-24所示。选择"选择>对象>同一图层上的所有对象"命令，此图层中的对象被全部选中，如图8-25所示。

图8-24　　　　　　　　图8-25

2. 更改对象的外观属性

使用"图层"控制面板可以轻松地改变对象的外观。如果对一个图层应用一种特殊效果，则该图层中的所有对象都将应用这种效果。如果将图层中的对象移动到此图层之外，对象将不再具有这种效果。因为效果仅仅作用于该图层，而不是对象。

选中一个想要改变对象外观属性的图层，如图8-26所示，选取图层中的全部对象，效果如图8-27所示。选择"效果>变形>上弧形"命令，在弹出的"变形选项"对话框中进行设置，如图8-28所示。单击"确定"按钮，选中的图层中包括的对象全部变成弧形效果，如图8-29所示，也就改变了此图层中对象的外观属性。

图8-26　　　　　　　　图8-27

图8-28   图8-29

在"图层"控制面板中，图层的目标图标 ◎ 也是变化的。当目标图标显示为 ◎ 时，表示当前图层在绘图页面上没有对象被选择，并且没有外观属性；当目标图标显示为 ◎ 时，表示当前图层在绘图页面上有对象被选择，且没有外观属性；当目标图标显示为 ◎ 时，表示当前图层在绘图页面上没有对象被选择，但有外观属性；当目标图标显示为 ◎ 时，表示当前图层在绘图页面上有对象被选择，也有外观属性。

选择具有外观属性的对象所在的图层，拖曳此图层的目标图标到需要应用的图层的目标图标上，就可以移动对象的外观属性。在拖曳的同时按住Alt键，可以复制图层中对象的外观属性。

选择具有外观属性的对象所在的图层，拖曳此图层的目标图标到"图层"控制面板底部的"删除所选图层"按钮 🗑 上，这时可以取消此图层中对象的外观属性。如果此图层中包括路径，将会保留路径的填充和描边填充。

3. 移动对象

在设计制作的过程中，有时需要调整各图层之间的顺序，而图层中对象的位置也会相应地发生变化。选择需要移动的图层，按住鼠标左键将该图层拖曳到需要的位置，释放鼠标，图层被移动。移动图层后，图层中的对象在绘图页面上的排列次序也会被移动。

选择想要移动的"图层2"中的对象，如图8-30所示，再选择"图层"控制面板中需要放置对象的"图层3"，如图8-31所示，选择"对象>排列>发送至当前图层"命令，可以将对象移动到当前选中的"图层3"中，效果如图8-32所示。

图8-30   图8-31

图8-32

单击"图层3"右边的方形图标 ▢，按住鼠标左键不放，将该图标 ▢ 拖曳到"图层1"中，如图8-33所示，可以将对象移动到"图层1"中，效果如图8-34所示。

图8-33

图8-34

8.2 制作图层蒙版

将一个对象制作为蒙版后，对象的内部变得完全透明，这样就可以显示下面的被蒙版对象，同时可以遮挡住不需要显示或打印的部分。

命令介绍

建立不透明蒙版命令：可以将蒙版的不透明度设置应用到它所覆盖的所有对象中。

8.2.1 课堂案例——制作环保海报

【**案例学习目标**】学习使用图形工具、文字工具和透明度面板制作环保海报。

【**案例知识要点**】使用混合模式和透明度命令绘制装饰图形；使用文字工具输入文字；使用钢笔工具绘制图形，效果如图8-35所示。

【**效果所在位置**】Ch08/效果/制作环保海报.ai。

图8-35

（1）按Ctrl+N组合键新建一个文档，宽度为210mm，高度为297mm，取向为竖向，颜色模式为CMYK，单击"确定"按钮。

（2）选择"文件>置入"命令，弹出"置入"对话框，选择本书学习资源中的"Ch08>素材>制作环保海报>01"文件，单击"置入"按钮，将图片置入页面中，单击属性栏中的"嵌入"按钮，嵌入图片。选择"选择"工具，拖曳图片到适当的位置，效果如图8-36所示。

（3）选择"窗口>图层"命令，弹出"图层"控制面板，单击"图层"控制面板下方的"创建新图层"按钮，创建新的图层，如图8-37所示。

图8-36　　　　　　　　图8-37

（4）选择"文字"工具，在页面中适当的位置输入需要的文字，选择"选择"工具，在属性栏中选择合适的字体并设置适当的文字大小，设置文字填充色的C、M、Y、K值分别为73、5、90、0，填充文字，效果如图8-38所示。按Ctrl+T组合键，弹出"字符"面板，选项的设置如图8-39所示，文字效果如图8-40所示。

图8-38　　　　　　　　图8-39

图8-40

（5）单击"图层"控制面板下方的"创建新
图层"按钮回，创建新的图层，如图8-41所示。
选择"钢笔"工具，在适当的位置绘制不规
则图形，设置图形填充色的C、M、Y、K值分别
为85、40、100、3，填充图形，并设置描边色为
无，效果如图8-42所示。用相同的方法绘制其他
图形，效果如图8-43所示。

图8-41 　　　　图8-42 　　图8-43

（6）选择"选择"工具，选取绘制的图形，
如图8-44所示。选择"对象>变换>旋转"命令，弹出
"旋转"对话框，选项的设置如图8-45所示。单击
"复制"按钮，效果如图8-46所示。按Ctrl+D组合
键再次复制且旋转图形，效果如图8-47所示。

图8-44 　　　　　　图8-45

图8-46 　　　　图8-47

（7）选择"选择"工具，选取需要的图形，

将其拖曳至适当的位置，如图8-48所示。用相
同的方法再次调整其他图形的位置，如图8-49
所示。圈选绘制的图形，按Ctrl+G组合键将其群
组，如图8-50所示。

图8-48 　　图8-49 　　图8-50

（8）选择"文字"工具，在页面中适当
的位置输入需要的文字，选择"选择"工具，
在属性栏中选择合适的字体并设置适当的文字大
小，设置文字填充色的C、M、Y、K值分别为85、
40、100、3，填充文字，效果如图8-51所示。选
择"选择"工具，选取需要的图形和文字，将
其拖曳至适当的位置，如图8-52所示。按Ctrl+G组
合键将其群组。

图8-51

图8-52

（9）单击"图层"控制面板下方的"创建新
图层"按钮回，创建新的图层，如图8-53所示。
按Ctrl+O组合键，打开本书学习资源中的"Ch08>
素材>制作环保海报>02"文件，按Ctrl+A组合键
全选图形，复制并将其粘贴到正在编辑的页面
中，选择"选择"工具，选取图形并将其拖曳
到适当的位置，如图8-54所示。

图8-53 　　　　　图8-54

（10）选择"文字"工具[T]，在适当的位置输入需要的文字，选择"选择"工具[↖]，在属性栏中选择合适的字体并设置适当的文字大小，设置文字填充色的C、M、Y、K值分别为85、40、100、3，填充文字，效果如图8-55所示。用相同的方法绘制其他文字，并设置适当字体和颜色，效果如图8-56所示。

图8-55　　　　　　　　　图8-56

（11）单击"图层"控制面板下方的"创建新图层"按钮[◻]，创建新的图层，如图8-57所示。选择"矩形"工具[▭]，在适当的位置绘制与页面大小相等的矩形，设置图形填充色的C、M、Y、K值分别为23、0、23、0，填充图形，并设置描边色为无，效果如图8-58所示。

图8-57　　　　　　　　　图8-58

（12）选择"窗口>透明度"命令，弹出"透明度"控制面板，将混合模式设为"正片叠底"，将"不透明度"选项设为44%，如图8-59所示，效果如图8-60所示。环保海报制作完成。

图8-59　　　　　　　　　图8-60

8.2.2　制作图像蒙版

（1）使用"创建"命令制作。

新建文档，选择"文件>置入"命令，在弹出的"置入"对话框中选择图像文件，如图8-61所示。单击"置入"按钮，图像出现在页面中，效果如图8-62所示。选择"椭圆"工具[◯]，在图像上绘制一个椭圆形作为蒙版，如图8-63所示。

图8-61

图8-62　　　　　　　　　图8-63

使用"选择"工具[↖]，同时选中图像和椭圆形，如图8-64所示（作为蒙版的图形必须在图像的上面）。选择"对象>剪切蒙版>建立"命令（组合键为Ctrl+7），制作出蒙版效果，如图8-65所示。图像在椭圆形蒙版外面的部分被隐藏，取消选取状态，蒙版效果如图8-66所示。

图8-64　　　　　　图8-65　　　　　　图8-66

（2）使用鼠标右键的弹出式命令制作蒙版。

使用"选择"工具[↖]选中图像和椭圆形，在选中的对象上单击鼠标右键，在弹出的菜单中选择"建立剪切蒙版"命令，制作出蒙版效果。

（3）用"图层"控制面板中的命令制作蒙版。

使用"选择"工具[↖]选中图像和椭圆形，单击"图层"控制面板右上方的图标[▾≡]，在弹出的菜单中选择"建立剪切蒙版"命令，制作出蒙版效果。

8.2.3 编辑图像蒙版

制作蒙版后，还可以对蒙版进行编辑，如查看、选择蒙版、增加或减少蒙版区域等。

1．查看蒙版

使用"选择"工具 选中蒙版图像，如图8-67所示。单击"图层"控制面板右上方的图标 ，在弹出的菜单中选择"定位对象"命令，"图层"控制面板如图8-68所示，可以在"图层"控制面板中查看蒙版状态，也可以编辑蒙版。

图8-67

图8-68

2．锁定蒙版

使用"选择"工具 选中需要锁定的蒙版图像，如图8-69所示。选择"对象>锁定>所选对象"命令，可以锁定蒙版图像，效果如图8-70所示。

图8-69

图8-70

3．添加对象到蒙版

选中要添加的对象，如图8-71所示。选择"编辑>剪切"命令，剪切该对象。使用"直接选择"工具 选中被蒙版图形中的对象，如图8-72所示。选择"编辑>贴在前面、贴在后面"命令，就可以将要添加的对象粘贴到相应的蒙版图形的前面或后面，并成为图形的一部分，贴在前面的效果如图8-73所示。

图8-71

图8-72

图8-73

4．删除被蒙版的对象

选中被蒙版的对象，选择"编辑>清除"命令或按Delete键，即可删除被蒙版的对象。

在"图层"控制面板中选中被蒙版对象所在图层，再单击"图层"控制面板下方的"删除所选图层"按钮 ，也可删除被蒙版的对象。

8.3 制作文本蒙版

在Illustrator CS6中，可以将文本制作为蒙版。根据设计需要来制作文本蒙版，可以使文本产生丰富的效果。

8.3.1 文本蒙版的创建方法

（1）使用"对象"命令制作文本蒙版。

使用"矩形"工具 绘制一个矩形，在"图形样式"控制面板中选择需要的样式，如图8-74所示，矩形被填充上此样式，如图8-75所示。

选择"文字"工具 ，在矩形上输入文字"花纹"，使用"选择"工具 ，选中文字和矩形，如图8-76所示。选择"对象>剪切蒙版>建立"命令（组合键为Ctrl+7），制作出蒙版效果，如图8-77所示。

图8-74

图8-75

图8-76

图8-77

（2）使用鼠标右键弹出菜单命令制作文本蒙版。

使用"选择"工具[▶]选中图像和文字，在选中的对象上单击鼠标右键，在弹出的菜单中选择"建立剪切蒙版"命令，制作出蒙版效果。

（3）使用"图层"控制面板中的命令制作蒙版。

使用"选择"工具[▶]选中图像和文字。单击"图层"控制面板右上方的图标[≡]，在弹出的菜单中选择"建立剪切蒙版"命令，制作出蒙版效果。

8.3.2　编辑文本蒙版

使用"选择"工具[▶]选取被蒙版的文本，如图8-78所示。选择"文字>创建轮廓"命令，将文本转换为路径，路径上出现了许多锚点，效果如图8-79所示。使用"直接选择"工具[▶]选取路径上的锚点，就可以编辑修改被蒙版的文本了，效果如图8-80~图8-82所示。

图8-78

图8-79

图8-80

图8-81

图8-82

8.4　透明度控制面板

在透明度控制面板中可以为对象添加透明度，还可以设置透明度的混合模式。

8.4.1　认识"透明度"控制面板

透明度是Illustrator CS6中对象的一个重要的外观属性。Illustrator CS6的透明度设置绘图页面上的对象可以是完全透明、半透明或不透明3种状态。在"透明度"控制面板中，可以给对象添加不透明度，还可以改变混合模式，从而制作出新的效果。

选择"窗口>透明度"命令（组合键为Shift+Ctrl+F10），弹出"透明度"控制面板，如图8-83所示。单击控制面板右上方的图标[≡]，在弹出的菜单中选择"显示缩览图"命令，可以将"透明度"控制面板中的缩览图显示出来，如图8-84所示。在弹出的菜单中选择"显示选项"命令，可以将"透明度"控制面板中的选项显示出来，如图8-85所示。

图8-83

图8-84

图8-85

1. "透明度"控制面板的表面属性

在图8-85所示的"透明度"控制面板中,当前选中对象的缩略图出现在其中。当"不透明度"选项设置为不同的数值时,效果如图8-86所示(默认状态下对象是完全不透明的)。

不透明度值为0时　不透明度值为50时　不透明度值为100时

图8-86

选择"隔离混合"选项:可以使不透明度设置只影响当前组合或图层中的其他对象。

选择"挖空组"选项:可以使不透明度设置不影响当前组合或图层中的其他对象,但背景对象仍然受影响。

选择"不透明度和蒙版用来定义挖空形状"选项:可以使用不透明度蒙版来定义对象的不透明度所产生的效果。

选中"图层"控制面板中要改变不透明度的图层,用鼠标单击图层右侧的图标○,将其定义为目标图层,在"透明度"控制面板的"不透明度"选项中调整不透明度的数值,此时的调整会影响到整个图层不透明度的设置,包括此图层中已有的对象和将来绘制的任何对象。

2. "透明度"控制面板的下拉式命令

单击"透明度"控制面板右上方的图标▼■,弹出其下拉菜单,如图8-87所示。

图8-87

"建立不透明蒙版"命令可以将蒙版的不透明度设置应用到它所覆盖的所有对象中。

在绘图页面中选中两个对象,如图8-88所示。选择"建立不透明蒙版"命令,"透明度"控制面板显示的效果如图8-89所示,制作不透明蒙版的效果如图8-90所示。

图8-88　　　　图8-89　　　　图8-90

选择"释放不透明蒙版"命令,制作的不透明蒙版将被释放,对象恢复原来的效果。选中制作的不透明蒙版,选择"停用不透明蒙版"命令,不透明蒙版被禁用,"透明度"控制面板的变化如图8-91所示。

选中制作的不透明蒙版,选择"取消链接不透明蒙版"命令,蒙版对象和被蒙版对象之间的链接关系被取消。"透明度"控制面板中,蒙版对象和被蒙版对象缩略图之间的"指名不透明蒙版链接到图稿"按钮⑧转换为"单击可将不透明蒙版链接到图稿"按钮,如图8-92所示。

图8-91　　　　　　　图8-92

选中制作的不透明蒙版,勾选"透明度"控制面板中的"剪切"复选框,如图8-93所示,不透明蒙版的变化效果如图8-94所示。勾选"透明度"控制面板中的"反相蒙版"复选项,如图8-95所示,不透明蒙版的变化效果如图8-96所示。

图8-93　　　　　图8-94

图8-95　　　　　　　　图8-96

8.4.2 "透明度"控制面板中的混合模式

"透明度"控制面板中提供了16种混合模式，如图8-97所示。打开一张图像，如图8-98所示。在图像上选择需要的图形，如图8-99所示。分别选择不同的混合模式，可以观察图像的不同变化，效果如图8-100所示。

图8-97

图8-98　　　　　　　图8-99

正常模式　　　　　　变暗模式

图8-100

正片叠底模式　　　　颜色加深模式

变亮模式　　　　　　滤色模式

颜色减淡模式　　　　叠加模式

柔光模式　　　　　　强光模式

差值模式　　　　　　排除模式

色相模式　　　　　　饱和度模式

混色模式　　　　　　明度模式

图8-100（续）

课堂练习——制作旅游广告

【**练习知识要点**】使用透明度
控制面板改变图形的透明度和混合模
式；使用文字工具添加文字；使用文
字创建轮廓命令和剪切蒙版制作图案
文字；使用路径查找器绘制图形，效
果如图8-101所示。

【**素材所在位置**】Ch08/素材/制
作旅游广告/01~05。

【**效果所在位置**】Ch08/效果/制
作旅游广告片.ai。

图8-101

课后习题——制作手机宣传单

【**习题知识要点**】使用椭圆工
具、渐变工具、建立不透明蒙版命令
绘制装饰图形；使用文字工具输入宣
传文字，效果如图8-102所示。

【**素材所在位置**】Ch08/素材/制
作手机宣传单/01、02。

【**效果所在位置**】Ch08/效果/制
作手机宣传单.ai。

图8-102

第 9 章

使用混合与封套效果

本章介绍

本章将重点讲解混合和封套效果的制作方法。使用混合命令可以产生颜色和形状的混合，生成中间对象的逐级变形。封套命令是Illustrator CS6中很实用的一个命令，它可以用图形对象轮廓来约束其他对象的行为。

学习目标

◆ 熟练掌握混合效果的创建方法。

◆ 掌握封套变形命令的使用技巧。

技能目标

◆ 掌握"销售海报"的制作方法。

◆ 掌握"返现券"的制作方法。

混合命令可以创建一系列处于两个自由形状之间的路径，也就是一系列样式递变的过渡图形。该命令可以在两个或两个以上的图形对象之间使用。

命令介绍

混合工具：可以对整个图形、部分路径或控制点进行混合。

9.1.1 课堂案例——制作销售海报

【案例学习目标】学习使用混合工具制作文字的立体化效果。

【案例知识要点】使用文字工具添加文字；使用混合工具制作立体化文字效果；使用置入命令和透明度面板添加销售产品，效果如图9-1所示。

【效果所在位置】Ch09/效果/制作销售海报.ai。

图9-1

1. 制作背景效果

（1）按Ctrl+N组合键新建一个文档，宽度为297mm，高度为210mm，取向为横向，颜色模式为CMYK，单击"确定"按钮。选择"文件 > 置入"命令，弹出"置入"对话框，选择本书学习资源中的"Ch09 > 素材 > 制作销售海报 > 01"文件，单击"置入"按钮，置入文件。单击属性栏中的"嵌入"按钮，嵌入图片，效果如图9-2所示。

（2）选择"文件 > 置入"命令，弹出"置入"对话框，选择本书学习资源中的"Ch09 > 素材 > 制作销售海报 > 02"文件，单击"置入"按钮，置入文件。单击属性栏中的"嵌入"按钮，嵌入图片，效果如图9-3所示。

图9-2

图9-3

（3）选择"窗口 > 透明度"命令，弹出"透明度"面板，选项的设置如图9-4所示，图像效果如图9-5所示。

图9-4

图9-5

（4）选择"文件 > 置入"命令，弹出"置入"对话框，选择本书学习资源中的"Ch09 > 素材 > 制作销售海报 > 03"文件，单击"置入"按钮，置入文件。单击属性栏中的"嵌入"按钮，嵌入图片，效果如图9-6所示。"透明度"面板中选项的设置如图9-7所示，图像效果如图9-8所示。

图9-6

图9-7

图9-8

2. 添加宣传语和产品

（1）选择"文字"工具 T ，在页面中输入需要的文字，选择"选择"工具 ，在属性栏中分别选择合适的字体并设置文字大小，设置文字填充色的C、M、Y、K值分别为32、100、73、0，填充文字，效果如图9-9所示。在按住Alt键的同时，将文字拖曳到适当的位置，复制文字，并调整其大小，效果如图9-10所示。

图9-9

图9-10

（2）选择"选择"工具 ，选取复制的文字，选择"文字 > 创建轮廓"命令，创建文字轮廓，如图9-11所示。双击"渐变"工具 ，弹出"渐变"控制面板，在色带上设置2个渐变滑块，分别将渐变滑块的位置设为0、100，并设置C、M、Y、K的值分别为0（5、2、52、0）、100（7、40、39、0），其他选项的设置如图9-12所示，图形被填充为渐变色，效果如图9-13所示。

图9-11

图9-12

图9-13

（3）双击"混合"工具 ，在弹出的"混

合选项"对话框中进行设置,如图9-14所示。单击"确定"按钮,分别在两个文字上单击鼠标,图形混合后的效果如图9-15所示。

图9-14

图9-15

（4）选择"选择"工具，将复合文字拖曳到适当的位置，效果如图9-16所示。选择"文字"工具，在页面中分别输入需要的文字，选择"选择"工具，在属性栏中分别选择合适的字体并设置文字大小。选择"文字"工具，分别选取文字，设置文字填充色的C、M、Y、K值分别为7、0、51、0和10、0、77、0，分别填充文字，效果如图9-17所示。

图9-16

图9-17

（5）选择"选择"工具，选取上方的文字，选择"倾斜"工具，将中心点拖曳到适当的位置，在文字上方向右拖曳鼠标，倾斜文字，效果如图9-18所示。用相同的方法倾斜下方的文字，效果如图9-19所示。

图9-18

图9-19

（6）选择"文件 > 置入"命令，弹出"置入"对话框，选择本书学习资源中的"Ch09 > 素材 > 制作销售海报 > 04"文件，单击"置入"按钮，置入文件。单击属性栏中的"嵌入"按钮，嵌入图片，效果如图9-20所示。"透明度"面板中选项的设置如图9-21所示，图像效果如图9-22所示。

图9-20

图9-21

图9-22

（7）选择"文件 > 置入"命令，弹出"置入"
对话框，选择本书学习资源中的"Ch09 > 素材 > 制
作销售海报 > 05"文件，单击"置入"按钮，置入文
件。单击属性栏中的"嵌入"按钮，嵌入图片，效果
如图9-23所示。选择"选择"工具 ，在图像
外围拖曳鼠标，旋转图像，效果如图9-24所示。

图9-23

图9-24

（8）"透明度"面板中选项的设置如图9-25
所示，效果如图9-26所示。用相同的方法置入文
件，调整其位置和角度，并在"透明度"面板中
调整混合模式和不透明度，效果如图9-27所示，
销售海报制作完成。

图9-25

图9-26

图9-27

9.1.2　创建混合对象

选择混合命令可以对整个图形、部分路径或
控制点进行混合。混合对象后，中间各级路径上
的点的数量、位置，以及点之间线段的性质取决
于起始对象和终点对象上点的数目，还取决于在
每个路径上指定的特定点。

混合命令试图匹配起始对象和终点对象上的
所有点，并在每对相邻的点间画条线段。起始对
象和终点对象最好包含相同数目的控制点。如果
两个对象含有不同数目的控制点，Illustrator将在
中间级中增加或减少控制点。

1. 创建混合对象

（1）应用混合工具创建混合对象。

选择"选择"工具 ，选取要进行混合的
两个对象，如图9-28所示。选择"混合"工具 ，
用鼠标单击要混合的起始图像，如图9-29所示。
在另一个要混合的图像上进行单击，将它设置为
目标图像，如图9-30所示，绘制出的混合图像效
果如图9-31所示。

图9-28

图9-29　　　　　　　图9-30

图9-31

（2）应用命令创建混合对象。

选择"选择"工具，选取要进行混合的对象。选择"对象 > 混合 > 建立"命令（组合键为Alt+Ctrl+B），绘制出混合图像。

2. 创建混合路径

选择"选择"工具，选取要进行混合的对象，如图9-32所示。选择"混合"工具，用鼠标单击要混合的起始路径上的某一节点，光标变为实心，如图9-33所示。用鼠标单击另一个要混合的目标路径上的某一节点，将它设置为目标路径，如图9-34所示。绘制出混合路径，效果如图9-35所示。

图9-32　　　　　　图9-33

图9-34　　　　　图9-35

3. 继续混合其他对象

选择"混合"工具，用鼠标单击混合路径中最后一个混合对象路径上的节点，如图9-36所示。单击想要添加的其他对象路径上的节点，如图9-37所示。继续混合对象后的效果如图9-38所示。

图9-36

图9-37

图9-38

4. 释放混合对象

选择"选择"工具，选取一组混合对象，如图9-39所示。选择"对象 > 混合 > 释放"命令（组合键为Alt+Shift+Ctrl+B），释放混合对象，效果如图9-40所示。

图9-39

图9-40

5. 使用混合选项对话框

选择"选择"工具，选取要进行混合的对象，如图9-41所示。选择"对象 > 混合 > 混合选项"命令，弹出"混合选项"对话框，在对话框中"间距"选项的下拉列表中选择"平滑颜色"，可以使混合的颜色保持平滑，如图9-42所示。

图9-41

图9-42

在对话框中"间距"选项的下拉列表中选择"指定的步数"，可以设置混合对象的步骤数，如图9-43所示。在对话框中"间距"选项的下拉列表中选择"指定的距离"选项，可以设置混合对象间的距离，如图9-44所示。

图9-43

图9-44

在对话框的"取向"选项组中有"对齐页面"选项和"对齐路径"选项两个选项可以选择，如图9-45所示。设置每个选项后，单击"确定"按钮。选择"对象 > 混合 > 建立"命令，将对象混合，效果如图9-46所示。

图9-45

图9-46

9.1.3　混合的形状

混合命令可以将一种形状变形成另一种形状。

1. 多个对象的混合变形

选择"钢笔"工具，在页面上绘制4个形状不同的对象，如图9-47所示。

图9-47

选择"混合"工具，单击第1个对象，接着按照顺时针的方向，依次单击每个对象，这样每个对象都被混合了，效果如图9-48所示。

第1步　　　　　第2步　　　　　第3步

图9-48

2. 绘制立体效果

选择"钢笔"工具，在页面上绘制灯笼的上底、下底和边缘线，如图9-49所示。选取灯笼的左右两条边缘线，如图9-50所示。

图9-49　　　　　　　图9-50

选择"对象 > 混合 > 混合选项"命令，弹出"混合选项"对话框，设置"指定的步数"选项数值框中的数值为4，在"取向"选项组中选择"对齐页面"选项，如图9-51所示，单击"确定"按钮。选择"对象 > 混合 > 建立"命令，灯笼上面的立体竹竿即绘制完成，效果如图9-52所示。

图9-51　　　　　　　　图9-52

9.1.4　编辑混合路径

在制作混合图形之前，需要修改混合选项的设置，否则系统将采用默认的设置建立混合图形。

混合得到的图形由混合路径相连接，自动创建的混合路径默认是直线，如图9-53所示，可以编辑这条混合路径。编辑混合路径可以添加、减少控制点，以及扭曲混合路径，也可以将直角控制点转换为曲线控制点。

图9-53

选择"对象 > 混合 > 混合选项"命令，弹出"混合选项"对话框，"间距"选项组中包括3个选项，如图9-54所示。

图9-54

"平滑颜色"选项：按进行混合的两个图形的颜色和形状来确定混合的步数，为默认的选项，效果如图9-55所示。

图9-55

"指定的步数"选项：控制混合的步数。当"指定的步数"选项设置为2时，效果如图9-56所示。当"指定的步数"选项设置为7时，效果如图9-57所示。

图9-56

图9-57

"指定的距离"选项：控制每一步混合的距离。当"指定的距离"选项设置为25时，效果如图9-58所示。当"指定的距离"选项设置为2时，效果如图9-59所示。

图9-58

图9-59

如果想要将混合图形与存在的路径结合，同时选取混合图形和外部路径，选择"对象 > 混合 > 替换混合轴"选项，可以替换混合图形中的混合路径，混合前后的效果对比如图9-60和图9-61所示。

图9-60

图9-61

9.1.5 操作混合对象

1. 改变混合图像的重叠顺序

选取混合图像，选择"对象 > 混合 > 反向堆叠"命令，混合图像的重叠顺序将被改变，改变前后的效果对比如图9-62和图9-63所示。

图 9-62

图9-63

2. 打散混合图像

选取混合图像，选择"对象 > 混合 > 扩展"命令，混合图像将被打散，打散前后的效果对比如图9-64和图9-65所示。

图9-64

图9-65

9.2 封套效果的使用

Illustrator CS6中提供了不同形状的封套类型，利用不同的封套类型可以改变选定对象的形状。封套不仅可以应用到选定的图形中，还可以应用于路径、复合路径、文本对象、网格、混合或导入的位图当中。

当对一个对象使用封套时，对象就像被放入一个特定的容器中，封套使对象的本身发生相应的变化。同时，对于应用了封套的对象，还可以进行一定的编辑，如修改、删除等操作。

命令介绍

封套扭曲命令：可以应用程序所预设的封套图形，或使用网格工具调整对象，还可以使用自定义图形作为封套。

9.2.1 课堂案例——制作返现券

【案例学习目标】学习使用文字工具和封套扭曲命令制作返现券效果。

【案例知识要点】使用文字工具输入文字；使用创建轮廓命令将文字轮廓化；使用封套扭曲命令将文字变形，效果如图9-66所示。

【效果所在位置】Ch09/效果/制作返现券.ai。

图9-66

（1）按Ctrl+N组合键新建一个文档，宽度为270mm，高度为220mm，取向为竖向，颜色模式为CMYK，单击"确定"按钮。

（2）选择"矩形"工具 ▢，在适当的位置绘制矩形，设置图形填充色的C、M、Y、K值分别为60、5、34、0，填充图形，并设置描边色为无，效果如图9-67所示。

（3）选择"钢笔"工具 ，在适当的位置绘制不规则图形，设置图形填充色的C、M、Y、K值分别为69、8、44、0，填充图形，并设置描边色为无，效果如图9-68所示。选择"窗口 > 透明度"命令，弹出"透明度"控制面板，将"不透明度"选项设为74%，如图9-69所示，效果如图9-70所示。用相同的方法绘制其他图形，分别填充适当的颜色，并设置图形不透明度，效果如图9-71所示。

图9-67　　　　　图9-68

图9-69

图9-70　　　　　图9-71

（4）选择"文字"工具 ，在页面中适当的位置输入需要的文字，选择"选择"工具 ，在属性栏中选择合适的字体并设置适当的文字大小，效果如图9-72所示。选取需要的文字，如图9-73所示。填充文字为白色，效果如图9-74所示。用相同的方法填充其他文字适当的颜色，效果如图9-75所示。

图9-72

图9-73

图9-74

图9-75

（5）按Ctrl+T组合键，弹出"字符"面板，设置所选文字的字距为-25，设置如图9-76所示，文字效果如图9-77所示。选择"文字 > 创建轮廓"命令，将文字转换为轮廓，效果如图9-78所示。

图9-76

图9-77

图9-78

（6）选择"对象＞路径＞偏移路径"命令，在弹出的"偏移路径"对话框中进行设置，如图9-79所示。单击"确定"按钮，效果如图9-80所示。设置图形填充色的C、M、Y、K值分别为64、89、84、56，填充图形，效果如图9-81所示。

图9-79

图9-80

图9-81

（7）选择"对象＞取消编组"命令，取消文字群组。选择"选择"工具 ，选取需要的图形，如图9-82所示。多次按Ctrl+ [组合键，将图形向后移动，效果如图9-83所示。

图9-82

图9-83

（8）选择"文字"工具 T ，在页面中适当的位置输入需要的文字，选择"选择"工具 ，

在属性栏中选择合适的字体并设置适当的文字大小，效果如图9-84所示。设置文字填充色的C、M、Y、K值分别为57、5、31、0，填充文字，效果如图9-85所示。选取需要的文字，如图9-86所示。填充文字为白色，效果如图9-87所示。

图9-84

图9-85

图9-86

图9-87

（9）按Ctrl+T组合键，弹出"字符"面板，设置所选文字的字距为-10，设置如图9-88所示，文字效果如图9-89所示。选择"文字＞创建轮廓"命令，将文字转换为轮廓，效果如图9-90所示。

图9-88

图9-89

图9-90

（10）选择"对象 > 路径 > 偏移路径"命令，在弹出的"偏移路径"对话框中进行设置，如图9-91所示。单击"确定"按钮，效果如图9-92所示。设置图形填充色的C、M、Y、K值分别为64、89、84、56，填充图形，效果如图9-93所示。

图9-91

图9-92

图9-93

（11）选择"对象 > 取消编组"命令，取消文字群组。选择"选择"工具，选取需要的图形，如图9-94所示。多次按Ctrl+[组合键，将图形向后移动，效果如图9-95所示。选择需要的文字，按Ctrl+G组合键将其群组，效果如图9-96所示。

图9-94

图9-95

图9-96

（12）选择"钢笔"工具，在适当的位置绘制不规则图形，设置图形填充色的C、M、Y、K值分别为0、0、0、20，填充图形，并设置描边色为无，效果如图9-97所示。

图9-97

（13）选择"选择"工具，选取需要的图形，如图9-98所示。选择"对象 > 封套扭曲 > 用顶层对象建立"命令，将文字封套扭曲，效果如图9-99所示。

图9-98

图9-99

（14）选择"矩形"工具，在适当的位置绘制矩形，设置图形填充色的C、M、Y、K值分别为9、89、67、0，填充图形，并设置描边色为无，效果如图9-100所示。选择"对象 > 变换 > 倾斜"命令，弹出"倾斜"对话框，选项的设置如图9-101所示。单击"确定"按钮，效果如图9-102所示。

图9-100

图9-101

图9-102

（15）选择"效果 > 风格化 > 投影"命令，在弹出的对话框中进行设置，设置图形填充色的C、M、Y、K值分别为91、67、88、52，如图9-103所示。单击"确定"按钮，效果如图9-104所示。

图9-103　　　　　　图9-104

（16）选择"文字"工具T，在页面中适当的位置输入需要的文字，选择"选择"工具，在属性栏中选择合适的字体并设置适当的文字大小，设置文字填充色的C、M、Y、K值分别为9、89、67、0，填充文字，效果如图9-105所示。选取需要的文字，如图9-106所示。设置合适的字体并设置适当的文字大小，效果如图9-107所示。

（17）选择"钢笔"工具，在适当的位置绘制不规则图形，设置图形填充色的C、M、Y、K

值分别为9、89、67、0，填充图形，并设置描边色为无，效果如图9-108所示。

图9-105　　　　　　图9-106

图9-107　　　　　　图9-108

（18）选择"效果 > 风格化 > 投影"命令，在弹出的对话框中进行设置，设置图形填充色的C、M、Y、K值分别为59、94、100、52，如图9-109所示。单击"确定"按钮，效果如图9-110所示。

图9-109　　　　　　图9-110

（19）选择"选择"工具，选取需要的图形，按Ctrl+G组合键将其群组，如图9-111所示。按住Alt键的同时，向左下角拖曳图形到适当的位置，并调整图形大小，效果如图9-112所示。将图形旋转适当的角度，效果如图9-113所示。选取两个红包图形，按Ctrl+G组合键将其群组。

图9-111　　　　　　图9-112

图9-113

（20）选择"文字"工具 T，在页面中适当的位置输入需要的文字，选择"选择"工具 ，在属性栏中选择合适的字体并设置适当的文字大小，设置文字填充色的C、M、Y、K值分别为90、57、76、24，填充文字，效果如图9-114所示。

图9-114

（21）选择"选择"工具 ，按Alt键的同时，向左上角拖曳文字到适当的位置，设置图形填充色为白色，填充文字，效果如图9-115所示。用相同的方法添加其他文字，效果如图9-116所示。

图9-115

图9-116

（22）选择"文字"工具 T，在页面中适当的位置输入需要的文字，选择"选择"工具 ，在属性栏中选择合适的字体并设置适当的文字大小，设置文字填充色的C、M、Y、K值分别为90、57、76、24，填充文字，效果如图9-117所示。

（23）选择"选择"工具 ，按住Alt键的同时，向左上角拖曳文字到适当的位置，设置文字填充色的C、M、Y、K值分别为6、14、87、0，填充文字，效果如图9-118所示。

图9-117　　　　　　　图9-118

（24）选择"钢笔"工具 ，在适当的位置绘制不规则图形，设置图形填充色的C、M、Y、K值分别为82、36、61、0，填充图形，并设置描边色为无，效果如图9-119所示。按Ctrl+ [组合键多次，将图形向后移动，效果如图9-120所示。

图9-119

图9-120

（25）选择"钢笔"工具 ，在适当的位置绘制不规则图形，设置图形填充色的C、M、Y、K值分别为0、0、0、20，填充图形，并设置描边色为无，效果如图9-121所示。

（26）选择"选择"工具 ，选取需要的图形，如图9-122所示。选择"对象 > 封套扭曲 > 用顶层对象建立"命令，将文字封套扭曲，效果如图9-123所示。

图9-121

图9-122

图9-123

（27）选择"钢笔"工具 📝，在适当的位置绘制不规则图形，设置图形填充色的C、M、Y、K值分别为90、59、75、27，填充图形，并设置描边色为无，效果如图9-124所示。按Ctrl+ [组合键多次，将图形向后移动，效果如图9-125所示。

（28）选择"钢笔"工具 📝，在适当的位置绘制不规则图形，设置图形填充色的C、M、Y、K值分别为82、36、61、0，填充图形，并设置描边色为无，效果如图9-126所示。

图9-124

图9-125　　　　　　图9-126

（29）选择"选择"工具 ▶，按住Alt+Shift组合键的同时，水平向左拖曳图形到适当的位置，效果如图9-127所示。设置图形填充色的C、

M、Y、K值分别为6、14、87、0，填充图形，效果如图9-128所示。用相同的方法添加其他图形，效果如图9-129所示。

图9-127　　　　　　图9-128

图9-129

（30）按Ctrl+O组合键，打开学习资源中的"Ch09 > 素材 > 制作返现券 > 01"文件，按Ctrl+A组合键全选图形，复制并将其粘贴到正在编辑的页面中，选择"选择"工具 ▶，选取图形并将其拖曳到适当的位置，如图9-130所示。返现券制作完成。

图9-130

9.2.2　创建封套

当需要使用封套来改变对象的形状时，可以应用程序所预设的封套图形，或者使用网格工具调整对象，还可以使用自定义图形作为封套。但是，该图形必须处于所有对象的最上层。

（1）从应用程序预设的形状创建封套。

选中对象，选择"对象 > 封套扭曲 > 用变形

建立"命令（组合键为Alt+Shift+Ctrl+W），弹出"变形选项"对话框，如图9-131所示。

图9-131

"样式"选项的下拉列表中提供了15种封套类型，可根据需要选择，如图9-132所示。

"水平"选项和"垂直"选项用来设置指定封套类型的放置位置。选定一个选项，在"弯曲"选项中设置对象的弯曲程度，可以设置应用封套类型在水平或垂直方向上的比例。勾选"预览"复选框，预览设置的封套效果，单击"确定"按钮，将设置好的封套应用到选定的对象中，图形应用封套前后的对比效果如图9-133所示。

图9-132　　　　图9-133

（2）使用网格建立封套。

选中对象，选择"对象 > 封套扭曲 > 用网格建立"命令（组合键为Alt+Ctrl+M），弹出"封套网格"对话框。在"行数"选项和"列数"选项的数值框中，可以根据需要输入网格的行数和列数，如图9-134所示。单击"确定"按钮，设置完成的网格封套将应用到选定的对象中，如图9-135所示。

设置完成的网格封套还可以通过"网格"

工具进行编辑。选择"网格"工具，单击网格封套对象，即可增加对象上的网格数，如图9-136所示。按住Alt键的同时，单击对象上的网格点和网格线，可以减少网格封套的行数和列数。用"网格"工具拖曳网格点可以改变对象的形状，如图9-137所示。

图9-134　　　　图9-135

图9-136　　　　图9-137

（3）使用路径建立封套。

同时选中对象和想要用来作为封套的路径（这时封套路径必须处于所有对象的最上层），如图9-138所示。选择"对象 > 封套扭曲 > 用顶层对象建立"命令（组合键为Alt+Ctrl+C），使用路径创建的封套效果如图9-139所示。

图9-138　　　　图9-139

9.2.3　编辑封套

用户可以对创建的封套进行编辑。由于创建的封套是将封套和对象组合在一起的，所以，既可以编辑封套，也可以编辑对象，但是两者不能同时编辑。

1. 编辑封套形状

选择"选择"工具 ，选取一个含有对象的封套。选择"对象 > 封套扭曲 > 用变形重置"命令或"用网格重置"命令，弹出"变形选项"对话框或"重置封套网格选项"对话框，这时，可以根据需要重新设置封套类型，效果如图9-140和图9-141所示。

图9-140

图9-141

选择"直接选择"工具 或使用"网格"工具 可以拖动封套上的锚点进行编辑。还可以使用"变形"工具 对封套进行扭曲变形，效果如图9-142所示。

图9-142

2. 编辑封套内的对象

选择"选择"工具 ，选取含有封套的对象，如图9-143所示。选择"对象 > 封套扭曲 > 编辑内容"命令（组合键为Shift+Ctrl+V），对象将

会显示原来的选框，如图9-144所示。这时在"图层"控制面板中的封套图层左侧将显示一个小三角形，这表示可以修改封套中的内容，如图9-145所示。

图9-143

图9-144

图9-145

9.2.4 设置封套属性

对封套进行设置，使封套更好地符合图形绘制的要求。

选择一个封套对象，选择"对象 > 封套扭曲 > 封套选项"命令，弹出"封套选项"对话框，如图9-146所示。

图9-146

勾选"消除锯齿"复选项，可以在使用封套变形的时候防止锯齿的产生，保持图形的清晰度。在编辑非直角封套时，可以选择"剪切蒙版"和"透明度"两种方式保护图形。"保真度"选项设置对象适合封套的保真度。当勾选"扭曲外观"复选项后，下方的两个选项将被激活。它可使对象具有外观属性，如应用了特殊效果，对象也随着发生扭曲变形。"扭曲线性渐变填充"和"扭曲图案填充"复选项，分别用于扭曲对象的直线渐变填充和图案填充。

课堂练习——制作特卖会图标

【练习知识要点】使用文字工具输入文字；使用混合命令制作立体效果；使用封套扭曲命令将文字变形，效果如图9-147所示。

【素材所在位置】Ch09/素材/制作特卖会图标/01。

【效果所在位置】Ch09/效果/制作特卖会图标.ai。

图9-147

课后习题——绘制星球插画

【习题知识要点】使用矩形工具绘制背景效果；使用椭圆工具、矩形工具、混合工具和路径查找器面板制作星球；使用圆角矩形工具和椭圆工具制作指示线；使用椭圆工具、星形工具和直接选择工具绘制装饰图形，效果如图9-148所示。

【素材所在位置】Ch09/素材/绘制星球插画/01。

【效果所在位置】Ch09/效果/绘制星球插画.ai。

图9-148

第 *10* 章

效果的使用

本章介绍

　　本章将主要讲解Illustrator CS6中强大的效果功能。通过对本章内容的学习，读者可以掌握效果的使用方法，并把变化丰富的图形图像效果应用到实际中。

学习目标

◆ 了解Illustrator CS6中的效果菜单。

◆ 掌握重复应用效果命令的方法。

◆ 掌握Illustrator效果的使用方法。

◆ 掌握Photoshop效果的使用方法。

◆ 掌握样式的面板使用技巧。

技能目标

◆ 掌握"卡通小狐狸"的绘制方法。

◆ 掌握"卡通插画"的绘制方法。

◆ 掌握"电影节海报"的制作方法。

10.1 效果简介

在Illustrator CS6中，使用效果命令可以快速地处理图像，通过对图像的变形和变色来使其更加精美。所有的效果命令都放置在"效果"菜单下，如图10-1所示。

"效果"菜单包括4个部分。第1部分是重复应用上一个效果的命令，第2部分是文档栅格化效果的设置，第3部分是应用于矢量图的效果命令，第4部分是应用于位图的效果命令。

图10-1

10.2 重复应用效果命令

"效果"菜单的第1部分有两个命令，分别是"应用上一个效果"命令和"上一个效果"命令。当没有使用过任何效果时，这两个命令为灰色不可用状态，如图10-2所示。当使用过效果后，这两个命令将显示为上次所使用过的效果命令。例如，如果上次使用过"效果 > 扭曲和变换 > 扭转"命令，那么菜单将变为如图10-3所示的命令。

应用上一个效果   Shift+Ctrl+E
上一个效果   Alt+Shift+Ctrl+E

图10-2

应用"扭转(W)" (A)   Shift+Ctrl+E
扭转(W)...   Alt+Shift+Ctrl+E

图10-3

选择"应用上一个效果"命令可以直接使用上次效果操作所设置好的数值，把效果添加到图像上。打开文件，如图10-4所示。使用"效果 > 扭曲和变换 > 扭转"命令，设置扭曲度为40°，效果如图10-5所示。选择"应用'扭转'"命令，可以保持第1次设置的数值不变，使图像再

次扭曲40°，如图10-6所示。

图10-4

图10-5

图10-6

在上例中，如果选择"扭转"命令，将弹出"扭转"对话框，可以重新输入新的数值，如图10-7所示。单击"确定"按钮，得到的效果如图10-8所示。

图10-7

图10-8

Illustrator效果是应用于矢量图像的效果，它包括10个效果组，有些效果组又包括多个效果。

10.3.1 课堂案例——绘制卡通小狐狸

【案例学习目标】学习使用绘图工具、变形命令以及扭曲和变换命令绘制卡通小狐狸。

【案例知识要点】使用矩形工具、椭圆工具、色板库和透明度面板绘制背景底图；使用钢笔工具、椭圆工具、变形命令和扭转命令绘制狐狸图形，效果如图10-9所示。

【效果所在位置】Ch10/效果/绘制卡通小狐狸.ai。

图10-9

1. 绘制背景图形

（1）按Ctrl+N组合键新建一个文档，宽度为297mm，高度为210mm，取向为横向，颜色模式为CMYK，单击"确定"按钮。选择"矩形"工具□，在页面中单击，弹出对话框，参数设置如图10-10所示，单击"确定"按钮，效果如图10-11所示。设置图形填充色的C、M、Y、K值分别为41、18、36、0，填充图形，并设置描边色为无，效果如图10-12所示。

图10-10

图10-11

图10-12

（2）选择"选择"工具▶，选取矩形，按Ctrl+C组合键复制矩形，按Ctrl+F组合键原位粘贴矩形，效果如图10-13所示。选择"窗口 > 色板库 > 图案 > 基本图形 > 基本图形-点"命令，弹出面板，选择需要的图案，如图10-14所示。图案效果如图10-15所示。

图10-13

图10-14

图10-15

（3）选择"窗口 > 透明度"命令，弹出"透明度"面板，选项的设置如图10-16所示，图像效果如图10-17所示。选择"椭圆"工具○，按住Shift键的同时，在适当的位置绘制圆形，设置图形填充色的C、M、Y、K值分别为62、35、60、0，填充图形，并设置描边色为无，效果如图10-18所示。

（4）按Ctrl+O组合键，打开本书学习资源中的"Ch10 > 素材 > 绘制卡通小狐狸 > 01"文件，按Ctrl+A组合键全选图形，复制并将其粘贴到正在编辑的页面中，效果如图10-19所示。

图10-16

图10-17

图10-18

图10-19

2. 绘制狐狸

（1）选择"钢笔"工具 ，在页面空白处绘制一个图形，如图10-20所示。设置图形填充色的C、M、Y、K值分别为0、80、100、10，填充图形，并设置描边色为无，效果如图10-21所示。

图10-20

图10-21

（2）选择"选择"工具，选取图形。选择"效果 > 变形 > 上弧形"命令，在弹出的对话框中进行设置，如图10-22所示，单击"确定"按钮，效果如图10-23所示。

图10-22

图10-23

（3）按Ctrl+C组合键复制图形，按Ctrl+F组合键原位粘贴图形，效果如图10-24所示。设置图形填充色的C、M、Y、K值分别为10、16、25、0，填充图形，效果如图10-25所示。选择"窗口 > 外观"命令，弹出"外观"面板，删除样式，效果如图10-26所示。

图10-24

图10-25

图10-26

（4）选择"效果 > 变形 > 凸出"命令，在弹出的对话框中进行设置，如图10-27所示。单击"确定"按钮，效果如图10-28所示。按Ctrl+ [组合键后移一层，效果如图10-29所示。

图10-27

图10-28

图10-29

（5）选择"椭圆"工具 ，绘制一个椭圆形，设置图形填充色的C、M、Y、K值分别为10、16、25、0，填充图形，并设置描边色为无，效果如图10-30所示。选择"直接选择"工具 ，按住Shift键，选取需要的锚点，如图10-31所示。单击属性栏中的"将所选锚点转换为尖角"按钮，转换锚点，效果如图10-32所示。按Ctrl+ [组合键后移一层，效果如图10-33所示。

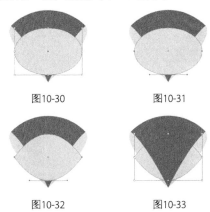

图10-30　　　　　　　图10-31

图10-32　　　　　　　图10-33

（6）选择"选择"工具，选取图形。按Ctrl+C组合键复制图形，按Ctrl+F组合键原位粘贴图形，效果如图10-34所示。选择"效果 > 变形 > 弧形"命令，在弹出的对话框中进行设置，如图10-35所示，单击"确定"按钮。按Ctrl+ 组合键后移一层，效果如图10-36所示。

图10-34

图10-35　　　　　　　图10-36

（7）选择"钢笔"工具，在页面空白处绘制一个图形。设置图形填充色的C、M、Y、K值分别为0、80、100、10，填充图形，并设置描边色为无，效果如图10-37所示。选择"效果 > 变形 > 凸出"命令，在弹出的对话框中进行设置，如图10-38所示。单击"确定"按钮，效果如图10-39所示。

图10-37　　　　　　　图10-38

图10-39

（8）选择"钢笔"工具，在页面空白处绘制一个图形。设置图形填充色的C、M、Y、K值分别为0、85、100、30，填充图形，并设置描边色为无，效果如图10-40所示。选择"效果 > 变形 > 凸出"命令，在弹出的对话框中进行设置，如图10-41所示。单击"确定"按钮，效果如图10-42所示。

图10-40

图10-41　　　　　　　图10-42

（9）用上述方法制作右侧的耳朵图形，效果如图10-43所示。选择"椭圆"工具，按住Shift键的同时，在适当的位置绘制多个圆形，填充图形为黑色，并设置描边色为无，效果如图10-44所示。

图10-43   图10-44

（10）选择"钢笔"工具 ，在页面空白处绘制一个图形。设置图形填充色的C、M、Y、K值分别为10、16、25、5，填充图形，并设置描边色为无，效果如图10-45所示。选择"效果 > 变形 > 凸出"命令，在弹出的对话框中进行设置，如图10-46所示，单击"确定"按钮，效果如图10-47所示。按Ctrl+Shift+ [组合键后移一层，效果如图10-48所示。

图10-45   图10-46

图10-47   图10-48

（11）选择"钢笔"工具 ，在页面空白处绘制一个图形。设置图形填充色的C、M、Y、K值分别为0、85、100、25，填充图形，并设置描边色为无，效果如图10-49所示。选择"效果 > 变形 > 凸出"命令，在弹出的对话框中进行设置，如图10-50所示。单击"确定"按钮，效果如图10-51所示。按Ctrl+Shift+ [组合键将图形置于底层，效果如图10-52所示。

图10-49   图10-50

图10-51   图10-52

（12）选择"椭圆"工具 ，在页面空白处绘制椭圆形。设置图形填充色的C、M、Y、K值分别为0、80、100、10，填充图形，并设置描边色为无，效果如图10-53所示。选择"效果 > 变形 > 弧形"命令，在弹出的对话框中进行设置，如图10-54所示。单击"确定"按钮，效果如图10-55所示。选择"对象 > 扩展外观"命令，扩展图形的外观，效果如图10-56所示。按Ctrl+C组合键复制图形，按Ctrl+F组合键原位粘贴图形。

图10-53   图10-54

图10-55   图10-56

（13）选择"椭圆"工具 ，在页面空白处绘制椭圆形，填充为黑色，并设置描边色为无，效果如图10-57所示。选择"直接选择"工具 ，按住Shift键，选取需要的锚点，如图10-58所示。单击属性栏中的"将所选锚点转换为尖角"按钮 ，转换锚点，效果如图10-59所示。

图10-57　　　　图10-58　　　　图10-59

（14）选择"选择"工具 ，选取图形，按住Alt键的同时，将其拖曳两次，复制图形，并调整其位置和角度，效果如图10-60所示。选择"窗口>路径查找器"命令，在弹出的面板中单击需要的按钮，如图10-61所示。合并后的效果如图10-62所示。

图10-60　　　　图10-61　　　　图10-62

（15）选择"选择"工具 ，将合并后的图形拖曳到适当的位置并调整其角度，效果如图10-63所示。用圈选的方法将需要的图形同时选取，如图10-64所示，按Ctrl+7组合键创建剪切蒙版，效果如图10-65所示。

图10-63　　　　图10-64　　　　图10-65

（16）选择"选择"工具 ，用圈选的方法将图形同时选取，拖曳到适当的位置，如图10-66所示。连续按Ctrl+ [组合键后移图形，效果如图10-67所示。选择"对象>变换>对称"命令，在弹出的对话框中进行设置，如图10-68所示。单击"复制"按钮，复制图形，调整其位置后，效果如图10-69所示。

图10-66　　　　　　　　图10-67

图10-68　　　　　　　　图10-69

（17）选择"椭圆"工具 ，在页面空白处绘制椭圆形，设置图形填充色的C、M、Y、K值分别为10、90、100、20，填充图形，并设置描边色为无，效果如图10-70所示。选择"直接选择"工具 ，按住Shift键，选取需要的锚点，如图10-71所示。单击属性栏中的"将所选锚点转换为尖角"按钮 ，转换锚点，效果如图10-72所示。

图10-70　　　　图10-71　　　　图10-72

（18）选择"效果>扭曲和变换>扭转"命令，在弹出的对话框中进行设置，如图10-73所示。单击"确定"按钮，效果如图10-74所示。

图10-73　　　　　图10-74

原图像　　"凸出和斜角"　　"绕转"　　"旋转"
　　　　　　　效果　　　　效果　　　效果

图10-80

（19）选择"对象>扩展外观"命令，扩展图形的外观，效果如图10-75所示。用上述方法制作上方的绒毛，效果如图10-76所示。选择"选择"工具 🔲，用圈选的方法将尾巴同时选取，拖曳到适当的位置。按Ctrl+Shift+ [组合键后移图形，效果如图10-77所示。将狐狸图形同时选取，拖曳到适当的位置，效果如图10-78所示。卡通小狐狸绘制完成。

10.3.3　"变形"效果

"变形"效果使对象扭曲或变形，可作用的对象有路径、文本、网格、混合和栅格图像，如图10-81所示。

图10-75　　　　　图10-76

图10-81

"变形"效果组中的效果如图10-82所示。

图10-77　　　　　图10-78

10.3.2　"3D"效果

"3D"效果可以将开放路径、封闭路径或位图对象转换为可以旋转、打光和投影的三维对象，如图10-79所示。

图10-79

"3D"效果组中的效果如图10-80所示。

原图像　　　　"弧形"变形　　　"下弧形"变形

"上弧形"变形　　"拱形"变形　　　"凸出"变形

"凹壳"变形　　　"凸壳"变形　　　"旗形"变形

"波形"变形　　　"鱼形"变形　　　"上升"变形

图10-82

"鱼眼"变形　　　　　"膨胀"变形

"挤压"变形　　　　　"扭转"变形

图10-82（续）

10.3.4 "扭曲和变换"效果

"扭曲和变换"效果组可以使图像产生各种扭曲变形的效果，它包括7个效果命令，如图10-83所示。

图10-83

"扭曲"效果组中的效果如图10-84所示。

原图像　　　　　"变换"命令　　　　　"扭拧"命令

"扭转"命令　"收缩和膨胀"命令　"波纹效果"命令

"粗糙化"命令　　　　　"自由扭曲"命令

图10-84

10.3.5 "裁剪标记"效果

"裁剪标记"命令指示了所需的打印纸张剪切的位置，效果如图10-85所示。

原图像　　　　　使用"裁剪标记"效果

图10-85

10.3.6 课堂案例——绘制卡通插画

【案例学习目标】学习使用外发光命令、投影命令及收缩和膨胀命令绘制卡通插画。

【案例知识要点】使用矩形工具、直线工具和不透明度命令绘制背景底图；使用置入命令、椭圆工具、钢笔工具和路径查找器命令绘制图形；使用投影命令和外发光命令添加图形效果，效果如图10-86所示。

【效果所在位置】Ch10/效果/绘制卡通插画.ai。

图10-86

（1）按Ctrl+N组合键新建一个文档，宽度为297mm，高度为210mm，取向为横向，颜色模式为CMYK，单击"确定"按钮。

（2）选择"矩形"工具▢，绘制一个与页面大小相等的矩形，设置图形填充色的C、M、Y、K值分别为8、8、55、0，填充图形，并设置描边色为无，如图10-87所示。

（3）选择"直线"工具╱，在适当的位置绘制直线，设置描边色的C、M、Y、K值分别为42、0、31、0，描边粗细为1pt，效果如图10-88所示。选择

"窗口 > 描边"命令,弹出"描边"控制面板,其他选项的设置如图10-89所示,效果如图10-90所示。

图10-87　　　　　　　　图10-88

图10-89　　　　　　　　图10-90

（4）选择"窗口 > 透明度"命令,弹出"透明度"控制面板,将混合模式选项设为"正片叠底","不透明度"选项设为84%,如图10-91所示,效果如图10-92所示。

图10-91　　　　　　　　图10-92

（5）选择"选择"工具，按住Alt+Shift组合键的同时,水平向右拖曳直线到适当的位置,复制图形,如图10-93所示。连续按Ctrl+D组合键多次,复制出多条直线,效果如图10-94所示。选取直线,按Ctrl+G组合键将其群组。

图10-93　　　　　　　　图10-94

（6）选择"椭圆"工具，在适当的位置绘制椭圆形,设置图形填充色的C、M、Y、K值分别为64、0、61、0,填充图形,并设置描边色的C、M、Y、K值分别为0、50、100、0,效果如图10-95所示。在"描边"控制面板中,选项的设置如图10-96所示,效果如图10-97所示。

图10-95　　　　　　　　图10-96

图10-97

（7）选择"效果 > 风格化 > 投影"命令,在弹出的对话框中进行设置,设置投影颜色的C、M、Y、K值分别为57、84、89、41,如图10-98所示。单击"确定"按钮,效果如图10-99所示。

（8）选择"矩形"工具，在适当的位置绘制矩形,设置图形填充色的C、M、Y、K值分别为7、7、74、0,填充图形,并设置描边色为黑色,描边粗细为1pt,效果如图10-100所示。

图10-98

图10-99　　　　　　图10-100

（9）选择"矩形"工具▣，在适当的位置绘制矩形，如图10-101所示。选择"选择"工具▶，选取需要的文字和图形，如图10-102所示。

图10-101　　　　　　图10-102

（10）选择"窗口 > 路径查找器"命令，弹出"路径查找器"控制面板，单击"减去顶层"按钮▣，如图10-103所示。生成新的对象，效果如图10-104所示。

图10-103　　　　　　图10-104

（11）选择"钢笔"工具✎，在适当的位置绘制不规则图形，如图10-105所示。选择"选择"工具▶，选取需要的文字和图形，如图10-106所示。单击"减去顶层"按钮▣，如图10-107所示。生成新的对象，效果如图10-108所示。

图10-105　　　　　　图10-106

图10-107　　　　　　图10-108

（12）选择"效果 > 风格化 > 投影"命令，在弹出的对话框中进行设置，设置投影填充色的C、M、Y、K值分别为89、53、73、15，如图10-109所示。单击"确定"按钮，效果如图10-110所示。

图10-109　　　　　　图10-110

（13）选择"钢笔"工具✎，在适当的位置绘制不规则图形，设置图形填充色的C、M、Y、K值分别为5、4、24、0，填充图形，并设置描边色为黑色，描边粗细为1pt，效果如图10-111所示。在"描边"控制面板中，其他选项的设置如图10-112所示，效果如图10-113所示。用相同的方法分别绘制其他图形，并分别填充适当的颜色和投影效果，效果如图10-114所示。

图10-111　　　　　　图10-112

图10-113　　　　　　图10-114

（14）选择"钢笔"工具，在适当的位置绘制不规则图形，设置图形填充色的C、M、Y、K值分别为64、0、61、0，填充图形，并设置描边色为无，效果如图10-115所示。

（15）选择"效果 > 风格化 > 外发光"命令，在弹出的对话框中进行设置，设置外发光填充色为白色，如图10-116所示。单击"确定"按钮，效果如图10-117所示。用相同的方法分别绘制其他图形，并分别填充适当的颜色和外发光效果，效果如图10-118所示。

图10-115

图10-116

图10-117

图10-118

（16）按Ctrl+O组合键，打开本书学习资源中的"Ch10 > 素材 > 绘制卡通插画 > 01"文件，按Ctrl+A组合键全选图形，复制并将其粘贴到正在编辑的页面中，选择"选择"工具，选取图形并将其拖曳到适当的位置，如图10-119所示。

图10-119

（17）选择"效果 > 风格化 > 投影"命令，在弹出的对话框中进行设置，设置投影填充色的C、M、Y、K值分别为89、53、73、15，如图10-120所示。单击"确定"按钮，效果如图10-121所示。选择"选择"工具，按住Alt+Shift组合键的同时，水平向右拖曳直线到适当的位置，复制图形，如图10-122所示。

图10-120

图10-121　　　　　　图10-122

（18）选择"多边形"工具，在适当的位置绘制六边形，设置图形填充色的C、M、Y、K值分别为0、43、0、0，填充图形，并设置描边色为黑色，描边粗细为1pt，效果如图10-123所示。在"描边"控制面板中，其他选项的设置如图10-124所示，效果如图10-125所示。选择"选择"工具，将图形旋转适当的角度，效果如图10-126所示。

图10-123　　　　　　图10-124

图10-125　　　　　　图10-126

（19）选择"效果 > 扭曲和变换 > 收缩和膨胀"命令，在弹出的对话框中进行设置，如图

10-127所示。单击"确定"按钮，效果如图10-128所示。

（20）选择"星形"工具 ，在适当的位置绘制星形，设置图形填充色的C、M、Y、K值分别为1、72、12、0，填充图形，并设置描边色为无，效果如图10-129所示。

图10-127

图10-128   图10-129

（21）选择"效果 > 扭曲和变换 > 收缩和膨胀"命令，在弹出的对话框中进行设置，如图10-130所示。单击"确定"按钮，效果如图10-131所示。

图10-130   图10-131

（22）选择"效果 > 风格化 > 外发光"命令，在弹出的对话框中进行设置，设置外发光填充色为白色，如图10-132所示。单击"确定"按钮，效果如图10-133所示。

图10-132   图10-133

（23）按Ctrl+O组合键，分别打开本书学习资源中的"Ch10 > 素材 > 绘制卡通插画 > 02、03"文件，按Ctrl+A组合键全选图形，分别复制并将其粘贴到正在编辑的页面中，选择"选择"工具 ，选取图形并将其拖曳到适当的位置，如图10-134所示。

（24）选择"椭圆"工具 ，按住Shift键的同时，在适当位置绘制一个圆形，设置图形填充色的C、M、Y、K值分别为47、0、18、0，填充图形，并设置描边色的C、M、Y、K值分别为58、86、99、46，描边粗细为0.5pt，效果如图10-135所示。在"描边"控制面板中，其他选项的设置如图10-136所示，效果如图10-137所示。

图10-134   图10-135

图10-136   图10-137

（25）选择"选择"工具 ，按住Alt+Shift组合键的同时，水平向右拖曳圆形到适当的位置，复制图形，如图10-138所示。连续按Ctrl+D组合键多次，复制出多个圆形，效果如图10-139所示。选取圆形，按Ctrl+G组合键将其群组。

图10-138

图10-139

（26）选择"选择"工具 🔁，选取需要的图形，如图10-140所示。在"路径查找器"面板中单击"联集"按钮 🔲，如图10-141所示。将多个图形合并成一个图形，如图10-142所示。

图10-140

图10-141

图 10-142

（27）选择"矩形"工具 🔲，在适当的位置绘制矩形，如图10-143所示。选择"选择"工具 🔁，选取需要的图形，在"路径查找器"控制面板中，单击"减去顶层"按钮 🔲，如图10-144所示。生成新的对象，效果如图10-145所示。

图10-143

图10-144

图10-145

（28）选择"选择"工具 🔁，选取需要的图形，将其拖曳至适当的位置，如图10-146所示。按住Alt键的同时，向右下拖曳图形，复制图形，设置图形填充色的C、M、Y、K值分别为47、0、18、0，填充图形，效果如图10-147所示。用相同的方法复制其他图形，并填充适当的颜色，效果如图10-148所示。选取绘制的图形，按Ctrl+G组合

键将其群组。

图10-146

图10-147

图10-148

（29）选择"矩形"工具 🔲，在适当的位置绘制矩形，如图10-149所示。选择"选择"工具 🔁，选取需要的图形，如图10-150所示。选择"对象 > 剪切蒙版 > 建立"命令，效果如图10-151所示。卡通插画绘制完成，效果如图10-152所示。

图10-149

图10-150

图10-151

图10-152

10.3.7 "转换为形状"效果

"转换为形状"效果可以将矢量对象的形状转换为矩形、圆角矩形或椭圆，如图10-153所示。

图10-153

"转换为形状"效果组中的效果如图10-154所示。

原图像　　　　　　　"矩形"效果

"圆角矩形"效果　　　"椭圆"效果

图10-154

10.3.8 "风格化"效果

"风格化"效果组可以增强对象的外观效果，如图10-155所示。

图10-155

1. 内发光命令

在对象的内部可以创建发光的外观效果。选中要添加内发光效果的对象，如图10-156所示。选择"效果 > 风格化 > 内发光"命令，在弹出的"内发光"对话框中设置数值，如图10-157所示。单击"确定"按钮，对象的内发光效果如图10-158所示。

图10-156

图10-157　　　　　　图10-158

2. 圆角命令

可以为对象添加圆角效果。选中要添加圆角效果的对象，如图10-159所示。选择"效果 > 风格化 > 圆角"命令，在弹出的"圆角"对话框中设置数值，如图10-160所示。单击"确定"按钮，对象的效果如图10-161所示。

图10-159

图10-160　　　　　　图10-161

3. 外发光命令

可以在对象的外部创建发光的外观效果。选中要添加外发光效果的对象，如图10-162所示。选择"效果 > 风格化 > 外发光"命令，在弹出的"外发光"对话框中设置数值，如图10-163所示。单击"确定"按钮，对象的外发光效果如图10-164所示。

图10-162

图10-163　　　　　　图10-164

4. 投影命令

为对象添加投影。选中要添加投影的对象，如图10-165所示。选择"效果 > 风格化 > 投影"命令，在弹出的"投影"对话框中设置数值，如图10-166所示。单击"确定"按钮，对象的投影效果如图10-167所示。

投影

| 模式(M): 正片叠底 |
| 不透明度(O): 100% |
| X 位移(X): 1 mm |
| Y 位移(Y): 1 mm |
| 模糊(B): 0 mm |
| ◉ 颜色(C): ■ ○ 暗度(D): 100% |

☑ 预览(P)   确定   取消

图10-165   图10-166

图10-167

5. 涂抹命令

选中要添加涂抹效果的对象,如图10-168所示。选择"效果 > 风格化 > 涂抹"命令,在弹出的"涂抹选项"对话框中设置数值,如图10-169所示。单击"确定"按钮,对象的效果如图10-170所示。

图10-168

图10-169   图10-170

6. 羽化命令

将对象的边缘从实心颜色逐渐过渡为无色。选中要羽化的对象,如图10-171所示。选择"效果 > 风格化 > 羽化"命令,在弹出的"羽化"对话框中设置数值,如图10-172所示。单击"确定"按钮,对象的效果如图10-173所示。

图10-171

羽化

半径(R): 2 mm

☑ 预览(P)   确定   取消

图10-172   图10-173

10.4 ▶ Photoshop效果

Photoshop效果是应用于位图图像的效果,它包括一个效果库和9个效果组,有些效果组又包括多个效果。

🔍 提示

在应用Photoshop效果制作图像效果之前,要确定当前新建页面是在RGB模式之下,否则效果的各选项为不可用。

10.4.1 课堂案例——制作电影节海报

【案例学习目标】学习使用高斯模糊命令和阴影线命令制作电影节海报。

【案例知识要点】使用高斯模糊命令和阴影线命令绘制海报底图;使用文字工具、混合命令和铜版雕刻命令制作标题文字；使用文字工具、圆角矩形工具和渐变工具添加装饰图形和文字，效果如图10-174所示。

【效果所在位置】Ch10/效果/制作电影节海报.ai。

图10-174

（1）按Ctrl+N组合键新建一个文档，宽度为210mm，高度为297mm，取向为竖向，颜色模式为CMYK，单击"确定"按钮。

（2）选择"文件 > 置入"命令，弹出"置入"对话框，选择本书学习资源中的"Ch10 > 素材 > 制作电影节海报 > 01"文件，单击"置入"按钮，将图片置入页面中，单击属性栏中的"嵌入"按钮，嵌入图片。选择"选择"工具 ，拖曳图片到适当的位置，效果如图10-175所示。

图10-175

（3）选择"效果 > 模糊 > 高斯模糊"命令，弹出"高斯模糊"对话框，选项的设置如图10-176所示。单击"确定"按钮，图形效果如图10-177所示。

图10-176　　　　　　　　图10-177

（4）选择"文件 > 置入"命令，弹出"置入"对话框，选择本书学习资源中的"Ch10 > 素材 > 制作电影节海报 > 02"文件，单击"置入"按钮，将图片置入页面中，单击属性栏中的"嵌入"按钮，嵌入图片。选择"选择"工具 ，拖曳图片到适当的位置，效果如图10-178所示。

（5）选择"椭圆"工具 ，按住Shift键的同时，在图像上方绘制一个圆形，如图10-179所示。选择"选择"工具 ，选取需要的图形，如图10-180所示。选择"对象 > 剪切蒙版 > 建立"命令，创建的剪切蒙版效果如图10-181所示。

图10-178　　　　　　　　图10-179

图10-180　　　　　　　　图10-181

（6）选择"选择"工具 ，选取需要的图

片，选择"效果 > 画笔描边 > 阴影线"命令，在弹出的"阴影线"对话框中进行设置，如图10-182所示。单击"确定"按钮，图像效果如图10-183所示。

图10-182

图10-183

（7）选择"直排文字"工具<u>IT</u>，在页面中适当的位置输入需要的文字，选择"选择"工具<u>↖</u>，在属性栏中选择合适的字体并设置适当的文字大小，设置文字填充色的C、M、Y、K值分别为71、91、90、68，填充文字，效果如图10-184所示。

图10-184

（8）选择"对象 > 变换 > 倾斜"命令，弹出"倾斜"对话框，选项的设置如图10-185所示。单击"确定"按钮，效果如图10-186所示。

图10-185   图10-186

（9）选择"文字"工具<u>T</u>，在页面中适当的位置输入需要的文字，选择"选择"工具<u>↖</u>，在属性栏中选择合适的字体并设置适当的文字大小，设置文字填充色的C、M、Y、K值分别为61、32、27、0，填充文字，效果如图10-187所示。选取需要的文字，如图10-188所示。在属性栏中选择合适的字体，效果如图10-189所示。

图10-187

图10-188

图10-189

（10）按Ctrl+T组合键，弹出"字符"面板，设置所选文字的字距为-25，选项的设置如图10-190所示，文字效果如图10-191所示。选择"对象 > 变换 > 倾斜"命令，弹出"倾斜"对话框，选项的设置如图10-192所示。单击"确定"按钮，效果如图10-193所示。

图10-190　　　　　　　图10-191

图10-192

图10-193

（11）选择"文字 > 创建轮廓"命令，将文字转换为轮廓，效果如图10-194所示。选择"选择"工具，按住Alt键的同时，向左上方拖曳文字到适当的位置，复制文字，如图10-195所示。设置文字填充色的C、M、Y、K值分别为90、71、65、35，填充文字，效果如图10-196所示。按Ctrl+C组合键复制文字。

图10-194

图10-195

图10-196

（12）按住Shift键的同时，单击选取下方文字，双击"混合"工具，在弹出的"混合选项"对话框中进行设置，如图10-197所示。单击"确定"按钮，分别在两个图形上单击鼠标，图形混合的效果如图10-198所示。按Ctrl+F组合键，将文字原位粘贴在前面，效果如图10-199所示。

图10-197

图10-198

图10-199

（13）选择"选择"工具，选取需要的文字，设置文字填充色为白色，填充文字，效果如图10-200所示。选择"对象 > 像素画 > 铜版雕刻"命令，弹出"铜版雕刻"对话框，选项的设置如图10-201所示。单击"确定"按钮，效果如图10-202所示。

图10-200

图10-201

图10-202

（14）选择"选择"工具，选取需要的文字，按Ctrl+G组合键将其群组，效果如图10-203所示。选择"文字"工具，在页面中适当的位置输入需要的文字，选择"选择"工具，在属性栏中选择合适的字体并设置适当的文字大小，效果如图10-204所示。按Shift+Ctrl+O组合键将文字转换为轮廓，效果如图10-205所示。

图10-203

图10-204

图10-205

（15）双击"渐变"工具，弹出"渐变"控制面板，在色带上设置两个渐变滑块，分别将渐变滑块的位置设为0、100，并设置C、M、Y、K的值分别为0（0、0、0、0）、100（0、0、0、51），其他选项的设置如图10-206所示。文字被填充为渐变色，效果如图10-207所示。按Shift+Ctrl+G组合键取消文字群组，并选取需要的文字，如图10-208所示。

图10-206

图10-207

图10-208

（16）保持文字选取状态，设置文字填充色的C、M、Y、K值分别为5、17、88、0，填充文字，效果如图10-209所示。选择"选择"工具，选取需要的文字，按Ctrl+G组合键将其群组，效果如图10-210所示。用相同的方法添加其他文字，效果如图10-211所示。

图10-209

图10-210

图10-211

（17）选择"文字"工具，在适当的位置分别输入需要的文字，选择"选择"工具，在属性栏中分别选择合适的字体并设置适当的文字大小，填充文字为白色，效果如图10-212所示。

图10-212

（18）选择"圆角矩形"工具，在页面中单击鼠标，弹出"圆角矩形"对话框，在对话框中进行设置，如图10-213所示。单击"确定"按钮，得到一个圆角矩形。设置图形填充色的C、M、Y、K值分别为4、24、86、0，填充图形，并设置描边色为无，如图10-214所示。

图10-213

图10-214

（19）选择"对象 > 变换 > 倾斜"命令，弹出"倾斜"对话框，选项的设置如图10-215所示。单击"确定"按钮，效果如图10-216所示。

图10-215

图10-216

（20）选择"文字"工具，在页面中适当的位置输入需要的文字，选择"选择"工具，在属性栏中选择合适的字体并设置适当的文字大小，效果如图10-217所示。用相同的方法添加其他文字，并分别设置适当的颜色，效果如图10-218所示。电影节海报制作完成。

图10-217

图10-218

10.4.2 "像素化"效果

"像素化"效果组可以将图像中颜色相似的像素合并起来，产生特殊的效果，如图10-219所示。

图10-219

"像素化"效果组中的效果如图10-220所示。

原图像　　　"彩色半调"效果　　"晶格化"效果

"点状化"效果　　"铜版雕刻"效果

图10-220

10.4.3 "扭曲"效果

"扭曲"效果组可以对像素进行移动或插值来使图像达到扭曲效果，如图10-221所示。

图10-221

"扭曲"效果组中的效果如图10-222所示。

原图像

"扩散亮光"效果

"海洋波纹"效果

"玻璃"效果

图10-222

10.4.4 "模糊"效果

"模糊"效果组可以削弱相邻像素之间的对比度，使图像达到柔化的效果，如图10-223所示。

图10-223

1. 径向模糊命令

"径向模糊"命令可以使图像产生旋转或运动的效果，模糊的中心位置可以任意调整。

选中图像，如图10-224所示。选择"效果 >

模糊 > 径向模糊"命令，在弹出的"径向模糊"对话框中进行设置，如图10-225所示。单击"确定"按钮，图像效果如图10-226所示。

图10-224

图10-225

图10-226

2. 特殊模糊命令

"特殊模糊"命令可以使图像背景产生模糊效果，可以用来制作柔化效果。

选中图像，如图10-227所示。选择"效果 > 模糊 > 特殊模糊"命令，在弹出的"特殊模糊"对话框中进行设置，如图10-228所示。单击"确定"按钮，图像效果如图10-229所示。

图10-227

图10-228

图10-229

3. 高斯模糊命令

"高斯模糊"命令可以使图像变得柔和，可以用来制作倒影或投影。

选中图像，如图10-230所示。选择"效果 > 模糊 > 高斯模糊"命令，在弹出的"高斯模糊"对话框中进行设置，如图10-231所示。单击"确定"按钮，图像效果如图10-232所示。

图10-230

图10-231

图10-232

10.4.5 "画笔描边"效果

"画笔描边"效果组可以通过不同的画笔和油墨设置产生类似绘画的效果，如图10-233所示。

图10-233

"画笔描边"效果组中的各效果如图10-234所示。

原图像   "喷溅"效果   "喷色描边"效果

图10-234

"墨水轮廓"
效果   "强化的边缘"
效果   "成角的线条"
效果

"深色线条"效果   "烟灰墨"效果   "阴影线"效果

图10-234（续）

10.4.6 "素描"效果

"素描"效果组可以模拟现实中的素描、速写等美术方法对图像进行处理，如图10-235所示。

图10-235

"素描"效果组中的各效果如图10-236所示。

原图像   "便条纸"效果   "半调图案"
效果

"图章"效果   "基底凸现"效果   "影印"效果

图10-236

"撕边" 效果　　　"水彩画纸" 效果　　　"炭笔" 效果

"炭精笔" 效果　　"石膏效果" 效果　　"粉笔和炭笔"
　　　　　　　　　　　　　　　　　　　　效果

"绘图笔" 效果　　　"网状" 效果　　　"铬黄" 效果

图10-236（续）

10.4.7　"纹理" 效果

　　"纹理" 效果组可以使图像产生各种纹理效果，还可以利用前景色在空白的图像上制作纹理图，如图10-237所示。

图10-237

　　"纹理" 效果组中的各效果如图10-238所示。

原图像　　　　"拼缀图" 效果　　"染色玻璃" 效果

"纹理化" 效果　　　"颗粒" 效果

图10-238

"马赛克拼贴" 效果　　　　"龟裂缝" 效果

图10-238（续）

10.4.8　"艺术效果" 效果

　　"艺术效果" 效果组可以模拟不同的艺术派别，使用不同的工具和介质为图像创造出不同的艺术效果，如图10-239所示。

图10-239

　　"艺术效果" 效果组中的各效果如图10-240所示。

原图像　　　　"塑料包装" 效果　　"壁画" 效果

"干画笔" 效果　　"底纹效果" 效果　"彩色铅笔" 效果

"木刻" 效果　　　"水彩" 效果　　"海报边缘" 效果

图10-240

"海绵"效果

"涂抹棒"效果

"粗糙蜡笔"效果

"绘画涂抹"效果

"胶片颗粒"效果

"调色刀"效果

"霓虹灯光"效果

图10-240（续）

10.4.9 "风格化"效果

"风格化"效果组中只有1个效果，如图10-241所示。

图10-241

"照亮边缘"效果可以把图像中的低对比度区域变为黑色，高对比度区域变为白色，从而使图像上不同颜色的交界处产生发光效果。

选择"选择"工具 ，选中图像，如图10-242所示。选择"效果 > 风格化 > 照亮边缘"命令，在弹出的"照亮边缘"对话框中进行设置，如图10-243所示。单击"确定"按钮，图像效果如图10-244所示。

图10-242

图10-243

图10-244

10.5 样式

Illustrator CS6提供了多种样式库供用户选择和使用。下面具体介绍各种样式的使用方法。

10.5.1 "图形样式"控制面板

选择"窗口 > 图形样式"命令，弹出"图形样式"控制面板。在默认的状态下，控制面板的效果如图10-245所示。在"图形样式"控制面板中，系统提供了多种预置的样式。在制作图像的过程中，不但可以任意调用控制面板中的样式，还可以创建、保存和管理样式。在"图形样式"控制面板的下方，"断开图形样式链接"按钮 用于断开样式与图形之间的链接；"新建图形样式"按钮 用于建立新的样式；"删除图形样式"按钮 用于删除不需要的样式。

　　Illustrator CS6提供了丰富的样式库，可以根据需要调出样式库。选择"窗口 > 图形样式库"命令，弹出其子菜单，如图10-246所示，用以调出不同的样式库，如图10-247所示。

图10-245

图10-246

图10-247

10.5.2　使用样式

　　选中要添加样式的图形，如图10-248所示。在"图形样式"控制面板中单击要添加的样式，如图10-249所示。图形被添加样式后的效果如图10-250所示。

图10-248

图10-249　　　　　　图10-250

　　定义图形的外观后，可以将其保存。选中要保存外观的图形，如图10-251所示。单击"图形样式"控制面板中的"新建图形样式"按钮 ，样式被保存到样式库，如图10-252所示。

图10-251

图10-252

　　用鼠标将图形直接拖曳到"图形样式"控制面板中也可以保存图形的样式，如图10-253所示。

图10-253

当把"图形样式"控制面板中的样式添加到图形上时，Illustrator CS6将在图形和选定的样式之间创建一种链接关系，也就是说，如果"图形样式"控制面板中的样式发生了变化，那么被添加了该样式的图形也会随之变化。单击"图形样式"控制面板中的"断开图形样式链接"按钮 ，可断开链接关系。

10.6 "外观"控制面板

在Illustrator CS6的外观控制面板中，可以查看当前对象或图层的外观属性，其中包括应用到对象上的效果、描边颜色、描边粗细、填色和不透明度等。

选择"窗口 > 外观"命令，弹出"外观"控制面板。选中一个对象，如图10-254所示，在"外观"控制面板中将显示该对象的各项外观属性，如图10-255所示。"外观"控制面板可分为3个部分。

图10-254　　　　　图10-255

第1部分为显示当前选择，可以显示当前路径或图层的缩略图。

第2部分为当前路径或图层的全部外观属性列表。它包括应用到当前路径上的效果、描边颜色、描边粗细、填色和不透明度等。如果同时选中的多个对象具有不同的外观属性，如图10-256所示，"外观"控制面板将无法一一显示，只能提示当前选择为混合外观，如图10-257所示。

图10-256

图10-257

在"外观"控制面板中，各项外观属性是有层叠顺序的。在列表项选取的效果属性，后应用的效果位于先应用的效果之上。拖曳代表各项外观属性的列表项，可以重新排列外观属性的层叠顺序，从而影响到对象的外观。例如，当图像的描边属性在填色属性之上时，图像效果如图10-258所示。在"外观"控制面板中将描边属性拖曳到填色属性的下方，如图10-259所示，此时的图像效果如图10-260所示。

在创建新对象时，Illustrator CS6将把当前设置的外观属性自动添加到新对象上。

图10-258　　　　　图10-259

图10-260

课堂练习——制作美食网页

【练习知识要点】使用剪切蒙版命令为图片添加蒙版效果；使用外发光命令为文字添加发光效果；使用弧形命令将文字变形，效果如图10-261所示。

【素材所在位置】Ch10/素材/制作美食网页/01~08。

【效果所在位置】Ch10/效果/制作美食网页.ai。

图10-261

课后习题——制作礼品店宣传单

【习题知识要点】使用高斯模糊效果命令制作背景；使用文字工具和涂抹效果命令制作标题文字；使用绘图工具、收缩、变换命令及模糊命令绘制高光；使用文字工具和渐变命令添加宣传文字，效果如图10-262所示。

【素材所在位置】Ch10/素材/制作礼品店宣传单/01~03。

【效果所在位置】Ch10/效果/制作礼品店宣传单.ai。

图10-262

第 *11* 章

商业案例实训

本章介绍

　　本章结合多个应用领域商业案例的实际应用，通过案例分析、案例设计、案例制作，进一步详解Illustrator的强大应用功能和制作技巧，使读者在学习商业案例并完成大量商业练习后，可以快速地掌握商业案例设计的理念和软件的技术要点，设计制作出专业的案例。

学习目标

◆ 掌握软件基础知识的使用方法。

◆ 了解Illustrator的常用设计领域。

◆ 掌握Illustrator在不同设计领域的使用技巧。

技能目标

◆ 掌握插画设计——咖啡馆插画的绘制方法。

◆ 掌握广告设计——汽车广告的制作方法。

◆ 掌握杂志设计——时尚杂志封面的制作方法。

◆ 掌握书籍装帧设计——旅行书籍封面的制作方法。

◆ 掌握包装设计——红枣酪包装的制作方法。

11.1.1 项目背景及要求

1. 客户名称

随缘咖啡屋。

2. 客户需求

随缘咖啡屋是一家新开的意式咖啡厅，现为咖啡屋的周边制作设计插画。要求以咖啡屋原型为基础进行设计，设计要具有时尚和现代的味道，体现出店面特色。

3. 设计要求

（1）插画设计要形象生动、可爱丰富。

（2）设计形式要直观醒目，充满趣味性。

（3）画面色彩要丰富多样，表现形式层次分明，具有吸引力。

（4）设计风格具有特色，能够引起人们的共鸣，从而产生向往之情。

（5）设计规格为150mm（宽）×150mm（高），分辨率为300 dpi。

11.1.2 项目创意及制作

1. 素材资源

图片素材所在位置：本书学习资源中的"Ch11/素材/绘制咖啡馆插画/01"。

2. 设计作品

设计作品参考效果所在位置：本书学习资源中的"Ch11/效果/绘制咖啡馆插画.ai"，效果如图11-1所示。

图11-1

3. 制作要点

使用矩形工具和渐变工具绘制背景效果；使用钢笔工具绘制云图形；使用矩形工具、钢笔工具和直接选择工具绘制墙体；使用复制/粘贴命令添加门、标志、灯等图形；使用钢笔工具、描边面板和扩展外观命令制作标板；使用钢笔工具和3D效果制作突出墙体。

11.1.3 案例制作及步骤

（1）按Ctrl+N组合键新建一个文档，宽度和高度均为150mm，颜色模式为CMYK，单击"确定"按钮。选择"矩形"工具 ，绘制一个与页面大小相等的矩形。双击"渐变"工具，弹出"渐变"控制面板，在色带上设置两个渐变滑块，分别将渐变滑块的位置设为71、100，并设置C、M、Y、K的值分别为71（5、5、10、0）、100（30、25、33、0），其他选项的设置如图11-2所示。图形被填充为渐变色，并设置描边色为无，效果如图11-3所示。

图11-2　　　　　　　图11-3

（2）选择"钢笔"工具 ，在适当的位置绘制图形，填充图形为白色，并设置描边色为无，效果如图11-4所示。

图11-4

（3）选择"选择"工具 ，选取图形，按住Alt键的同时，将其拖曳到适当的位置，复制图形，并调整其大小。设置图形填充色的C、M、Y、K值分别为27、0、6、0，填充图形，效果如图11-5所示。用相同的方法复制图形，并填充适当的颜色，效果如图11-6所示。

图11-5

图11-6

（4）选择"矩形"工具 ▣，在适当的位置绘制矩形，设置图形填充色的C、M、Y、K值分别为51、45、45、0，填充图形，并设置描边色为无，效果如图11-7所示。选择"钢笔"工具 ✐，在适当的位置单击添加锚点，如图11-8所示。选择"直接选择"工具 ▶，拖曳到适当的位置，效果如图11-9所示。

图11-7　　　　　　　图11-8

图11-9

（5）选择"钢笔"工具 ✐，在适当的位置绘制图形，如图11-10所示。设置图形填充色的C、M、Y、K值分别为66、82、98、57，填充图形，并设置描边色为无，效果如图11-11所示。

图11-10　　　　　　　图11-11

（6）选择"钢笔"工具 ✐，在适当的位置绘制图形，如图11-12所示。设置图形填充色的C、M、Y、K值分别为44、38、38、0，填充图形，并设置描边色为无，效果如图11-13所示。选择"矩形"工具 ▣，在适当的位置绘制矩形，设置图形填充色的C、M、Y、K值分别为70、63、63、15，填充图形，并设置描边色为无，效果如图11-14所示。

图11-12　　　　图11-13　　　　图11-14

（7）用相同的方法绘制另外两个图形，分别设置图形填充色的C、M、Y、K值为73、67、66、24和70、63、63、15，填充图形，并设置描边色为无，效果如图11-15所示。再绘制一个图形，设置图形填充色的C、M、Y、K值分别为12、12、12、0，填充图形，并设置描边色为无，效果如图11-16所示。用相同的方法再绘制一个图形并填充适当的颜色，效果如图11-17所示。

图11-15　　　　图11-16　　　　图11-17

（8）按Ctrl+O组合键，打开本书学习资源中的"Ch11 > 素材 > 绘制咖啡馆插画 > 01"文件，选

择"选择"工具 ⬉ ，选取需要的图形。按Ctrl+C
组合键复制图形。选择正在编辑的页面，按
Ctrl+V组合键将其粘贴到页面中，并拖曳图形到
页面中适当的位置，效果如图11-18所示。

图11-18

（9）选择"01"文件，选取需要的图形。按
Ctrl+C组合键复制图形。选择正在编辑的页面，
按Ctrl+V组合键将其粘贴到页面中，并拖曳图形
到页面中适当的位置，效果如图11-19所示。选择
"钢笔"工具 ✍ ，在适当的位置绘制图形。设置
图形填充色的C、M、Y、K值分别为82、77、62、
33，填充图形，并设置描边色为无，效果如图
11-20所示。

图11-19 　　　　　　　　　图11-20

（10）选择"选择"工具 ⬉ ，按Ctrl+C组合
键复制图形。按Ctrl+F组合键原位粘贴图形。设
置图形描边色的C、M、Y、K值分别为75、68、
68、32，填充描边，并设置填充色为无。选择
"窗口 > 描边"命令，在弹出的面板中进行设
置，如图11-21所示。按Enter键确认操作，效果如
图11-22所示。选择"对象 > 扩展外观"命令，扩
展图形外观，效果如图11-23所示。

图11-21

图11-22 　　　　　　　　　图11-23

（11）选择"选择"工具 ⬉ ，选取需要的图
形，微移图形，效果如图11-24所示。按Ctrl+ [组合
键后移图形，如图11-25所示。按Ctrl+C组合键复
制图形。按Ctrl+F组合键原位粘贴图形。按Ctrl+]
组合键前移图形，微移图形。设置图形填充色的
C、M、Y、K值分别为93、88、89、80，填充图
形，如图11-26所示。

图11-24 　　　　　　　　　图11-25

图11-26

（12）再次原位粘贴图形，微移图形，并填
充适当的颜色，效果如图11-27所示。选择"选
择"工具 ⬉ ，将需要的图形同时选取，按Ctrl+G
组合键群组图形，如图11-28所示。按Ctrl+ [组合
键后移图形，如图11-29所示。

图11-27 　　　　　　　　　图11-28

图11-29

（13）选择"钢笔"工具 ，在适当的位置绘制图形，设置图形填充色的C、M、Y、K值分别为44、38、38、0，填充图形，并设置描边色为无，效果如图11-30所示。选择"效果 > 3D > 凸出和斜角"命令，在弹出的对话框中进行设置，如图11-31所示，单击"确定"按钮，效果如图11-32所示。

图11-30

图11-31

图11-32

（14）选择"01"文件，分别选取需要的图形。按Ctrl+C组合键复制图形。选择正在编辑的页面，按Ctrl+V组合键分别将其粘贴到页面中，并拖曳图形到页面中适当的位置，效果如图11-33和图11-34所示。

图11-33

图11-34

（15）选择"多边形"工具 ，在页面中单击，在弹出的对话框中进行设置，如图11-35所示。单击"确定"按钮，在页面中出现多边形。设置图形填充色的C、M、Y、K值分别为38、0、92、0，填充图形，并设置描边色为无，效果如图11-36所示。

图11-35

图11-36

（16）选择"选择"工具 ▶，选取图形，按Ctrl+C组合键复制图形。按Ctrl+F组合键原位粘贴图形。按住Alt+Shift组合键的同时，等比例缩小图形，并将其拖曳到适当的位置，效果如图11-37所示。设置图形填充色的C、M、Y、K值分别为52、7、100、0，填充图形，效果如图11-38所示。

图11-37　　　　图11-38

（17）用相同的方法复制其他图形，并填充适当的颜色，效果如图11-39所示。选择"矩形"工具 ▣，在适当的位置绘制矩形，设置图形填充色的C、M、Y、K值分别为33、65、79、0，填充图形，并设置描边色为无，效果如图11-40所示。连续按Ctrl+[组合键后移图形，效果如图11-41所示。

图11-39

图11-40　　　　图11-41

（18）选择"选择"工具 ▶，将需要的图形同时选取，拖曳到适当的位置，效果如图11-42所示。按住Alt键的同时，拖曳图形到适当的位置复制图形，并调整其大小，效果如图11-43所示。

图11-42　　　　图11-43

（19）选择"钢笔"工具 ✐，在页面右下角绘制图形，设置图形填充色的C、M、Y、K值分别为78、75、68、67，填充图形，并设置描边色为无，效果如图11-44所示。选择"矩形"工具 ▣，在适当的位置绘制矩形，设置图形填充色的C、M、Y、K值分别为52、7、100、0，填充图形，并设置描边色为无，效果如图11-45所示。

图11-44　　　　图11-45

（20）选择"椭圆"工具 ◉，按住Shift键的同时，在适当的位置绘制圆形，设置图形填充色的C、M、Y、K值分别为38、0、92、0，填充图形，并设置描边色为无，效果如图11-46所示。咖啡馆插画绘制完成，效果如图11-47所示。

图11-46　　　　图11-47

课堂练习1——绘制飞艇插画

练习1.1 项目背景及要求

1. 客户名称

温文出版社。

2. 客户需求

温文出版社是一家专业的图书出版公司，现为该出版社的一套宇航系列书籍设计插画页。要求图中内容充满趣味性，在插画绘制上要通过简洁的绘画语言表现出神秘感，充满童趣和艺术性。

3. 设计要求

（1）插画要以系列主题为主导元素进行设计。

（2）设计形式要简洁明晰，具有特色。

（3）使用丰富细腻的颜色，使画面丰富舒适。

（4）设计风格具有特色，能够引起顾客的好奇及兴趣。

（5）设计规格均为297mm（宽）×210mm（高），分辨率为300 dpi。

练习1.2 项目创意及制作

1. 素材资源

文字素材所在位置：本书学习资源中的"Ch11/素材/绘制飞艇插画/文字文档"。

2. 作品参考

设计作品参考效果所在位置：本书学习资源中的"Ch11/效果/绘制飞艇插画.ai"，效果如图11-48所示。

3. 制作要点

使用矩形工具和渐变工具制作渐变背景；使用钢笔工具和不透明度面板制作背景装饰图形；使用椭圆工具、渐变工具和透明度面板制作云和星光图形；使用钢笔工具、混合工具、复制命令和镜像工具绘制飞艇图形。

图11-48

练习2.1　项目背景及要求

1. 客户名称

旭佳图书策划传播有限公司。

2. 客户需求

兔兔儿童书籍是一本专为儿童提供的最新版童话故事书籍。本案例是要为儿童书籍绘制插画。要求绘制以鹦鹉为主题的插画，在插画绘制上要通过简洁的绘画语言表现出鹦鹉的特点，并充满童趣。

3. 设计要求

（1）插画设计要形象生动，可爱丰富。

（2）设计形式要直观醒目，充满趣味性。

（3）画面色彩要丰富多样，表现形式层次分明，具有吸引力。

（4）设计风格具有特色，能够引起人的共鸣，从而使人产生向往之情。

（5）设计规格均为297mm（宽）×210mm（高），分辨率为300 dpi。

练习2.2　项目创意及制作

1. 素材资源

图片素材所在位置：本书学习资源中的"Ch11/素材/绘制卡通鹦鹉插画/01"。

2. 作品参考

设计作品参考效果所在位置：本书学习资源中的"Ch11/效果/绘制卡通鹦鹉插画.ai"，效果如图11-49所示。

图11-49

3. 制作要点

使用矩形工具、圆角矩形工具、椭圆工具、旋转工具、路径查找器面板和填充工具制作卡通鹦鹉。

课后习题1——绘制风景插画

习题1.1　项目背景及要求

1. 客户名称

星海旅游杂志社。

2. 客户需求

星海旅游杂志社即将推出一套旅游方面的杂志，它介绍最新的时尚旅游资讯信息，提供实用的旅行计划，体现时尚生活和潮流消费等信息。本例是为杂志绘制栏目插画，要求符合栏目主题，体现出美丽的秋季景色。

3. 设计要求

（1）插画设计要形象生动，可爱丰富。

（2）设计形式要直观醒目，充满趣味性。

（3）画面色彩要丰富多样，表现形式层次分明，具有吸引力。

（4）设计风格具有特色，能够引起人的共鸣，从而使人产生向往之情。

（5）设计规格均为210mm（宽）×297mm（高），分辨率为300 dpi。

习题1.2　项目创意及制作

1. 素材资源

图片素材所在位置：本书学习资源中的"Ch11/素材/绘制风景插画/01"。

2. 作品参考

设计作品参考效果所在位置：本书学习资源中的"Ch11/效果/绘制风景插画.ai"，效果如图11-50所示。

3. 制作要点

使用矩形工具和纹理化命令绘制背景效果；使用椭圆工具、矩形工具和路径查找器面板绘制云图形；使用阴影命令为云添加阴影；使用钢笔工具和描边面板绘制鸟图形；使用矩形工具和创建剪切蒙版命令制作图形蒙版。

图11-50

课后习题2——绘制休闲卡通插画

习题2.1 项目背景及要求

1. 客户名称

城市之家报刊。

2. 客户需求

城市之家报刊是一家发行关于居家生活、家居设计、生活妙招、宠物喂养、休闲旅游和健康养生的生活类杂志期刊的单位。本例是为旅游栏目设计制作野外烧烤插画，要求与栏目主题相呼应，能体现出轻松、舒适之感。

3. 设计要求

（1）插画风格要温馨舒适，简洁直观。

（2）设计形式要细致独特，充满趣味性。

（3）画面色彩要淡雅闲适，表现形式层次分明，具有吸引力。

（4）设计风格具有特色，能够引起人的共鸣。

（5）设计规格均为297mm（宽）×210mm（高），分辨率为300 dpi。

习题2.2 项目创意及制作

1. 素材资源

图片素材所在位置： 本书学习资源中的"Ch11/素材/绘制休闲卡通插画/01"。

文字素材所在位置： 本书学习资源中的"Ch11/素材/绘制休闲卡通插画/文字文档"。

2. 作品参考

设计作品参考效果所在位置： 本书学习资源中的"Ch11/效果/绘制休闲卡通插画.ai"，效果如图11-51所示。

3. 制作要点

使用钢笔工具、填充工具绘制土壤；使用椭圆工具、路径查找器面板制作树枝和云朵；使用椭圆工具、转换锚点工具制作树叶。

图11-51

11.2 广告设计——制作汽车广告

11.2.1 项目背景及要求

1. 客户名称

凌酷汽车集团。

2. 客户需求

凌酷汽车以高质量、高性能的汽车产品闻名。目前凌酷汽车推出一款新型跑车，要求制作宣传广告，能够适用于街头派发，橱窗及公告栏展示，以宣传汽车为主要内容，要求内容明确清晰，展现品牌品质。

3. 设计要求

（1）海报内容以汽车的摄影照片为主，将文字与图片相结合，相互衬托。

（2）色调淡雅，带给人安全、平稳的视觉感受。

（3）画面干净整洁，使观者视觉被汽车主体吸引。

（4）设计能够让人感受到汽车的品质，并体现高端的品牌风格。

（5）设计规格均为300mm（宽）×200mm（高），分辨率为300 dpi。

11.2.2 项目创意及制作

1. 素材资源

图片素材所在位置：本书学习资源中的"Ch11/素材/制作汽车广告/01"。

文字素材所在位置：本书学习资源中的"Ch11/素材/制作汽车广告/文字文档"。

2. 设计作品

设计作品参考效果所在位置：本书学习资源中的"Ch11/效果/制作汽车广告.ai"，效果如图11-52所示。

图11-52

3. 制作要点

使用文本工具、渐变工具和倾斜命令制作标题文字；使用椭圆工具、文本工具、渐变工具和路径查找器命令制作标志；使用矩形网格工具、直线段工具、椭圆形工具和文本工具绘制表格；使用文字工具添加菜单信息。

11.2.3 案例制作及步骤

1. 制作背景和标题

（1）按Ctrl+N组合键新建一个文档，宽度为300mm，高度为200mm，取向为竖向，颜色模式为CMYK，单击"确定"按钮。

（2）选择"文件 > 置入"命令，弹出"置入"对话框，选择本书学习资源中的"Ch11 > 素材 > 制作汽车广告 > 01"文件，单击"置入"按钮，将图片置入页面中，单击属性栏中的"嵌入"按钮，嵌入图片。选择"选择"工具[箭头]，拖曳图片到适当的位置，效果如图11-53所示。

（3）选择"文字"工具[T]，在页面中适当的位置输入需要的文字，选择"选择"工具[箭头]，在属性栏中选择合适的字体并设置适当的文字大小，设置文字填充色为白色，填充文字，效果如图11-54所示。

图11-53   图11-54

（4）选择"文字"工具□，选取需要的文字，如图11-55所示。在属性栏中选择文字大小为80，效果如图11-56所示。按Shift+Ctrl+O组合键，将文字转换为轮廓，效果如图11-57所示。按Shift+Ctrl+G组合键取消文字群组。

图11-55

极致色彩 梦幻登场

图11-56

极致色彩 梦幻登场

图11-57

（5）选择"选择"工具□，选取需要的文字，如图11-58所示。双击"渐变"工具□，弹出"渐变"控制面板，在色带上设置3个渐变滑块，分别将渐变滑块的位置设为0、44、100，并设置C、M、Y、K的值分别为0（43、0、10、0）、44（89、69、0、0）、100（54、0、15、0），其他选项的设置如图11-59所示。文字被填充为渐变色，效果如图11-60所示。用相同的方法添加其他渐变，效果如图11-61所示。

图11-58

图11-59

图11-60   图11-61

（6）选择"选择"工具□，选取需要的文字，如图11-62所示。选择"对象 > 变换 > 倾斜"命令，弹出"倾斜"对话框，选项的设置如图11-63所示。单击"确定"按钮，效果如图11-64所示。

图11-62

图11-63

图11-64

2．制作广告标志

（1）选择"椭圆"工具，在适当的位置绘制椭圆形，填充图形为黑色，并设置描边色为无，效果如图11-65所示。按Ctrl+C组合键复制椭圆形，按Ctrl+F组合键将椭圆形原位粘贴在前面，效果如图11-66所示。按Alt+Shift组合键，等比例缩小图形，效果如图11-67所示。

图11-65

图11-66

图11-67

（2）选择"窗口>路径查找器"命令，弹出"路径查找器"控制面板，单击"减去顶层"按钮，如图11-68所示。生成新的对象，效果如图11-69所示。

图11-68

图11-69

（3）选择"文字"工具，在页面中适当的位置输入需要的文字，选择"选择"工具，在属性栏中选择合适的字体并设置适当的文字大小，效果如图11-70所示。按Shift+Ctrl+O组合键将文字转换为轮廓，效果如图11-71所示。按Shift+Ctrl+G组合键取消文字群组。

图11-70

图11-71

（4）选择"选择"工具，选取需要的文字，如图11-72所示。按住Shift键的同时，水平向左拖曳文字，调整文字位置，如图11-73所示。

图11-72

图11-73

（5）选择"选择"工具，选取需要的文字，如图11-74所示。在"路径查找器"控制面板中，单击"联集"按钮，如图11-75所示。生成新的对象，效果如图11-76所示。

图11-74

图11-75

图11-76

（6）双击"渐变"工具，弹出"渐变"控制面板，在色带上设置3个渐变滑块，分别将渐变滑块的位置设为0、47、100，并设置C、M、Y、K的值分别为0（0、0、0、39）、47（0、0、0、0）、100（0、0、0、56），其他选项的设置如图11-77所示。文字被填充为渐变色，效果如图11-78所示。用相同的方法添加文字，并填充适当的渐变色，效果如图11-79所示。选择"选择"工具，选取绘制的标志，将其拖曳至适当的位置，效果如图11-80所示。

图11-77　　　　　　　图11-78

图11-79　　　　　　　图11-80

3. 添加广告宣传文字

（1）选择"文字"工具，在页面中适当的位置输入需要的文字，选择"选择"工具，在属性栏中选择合适的字体并设置适当的文字大小，设置文字填充色为白色，填充文字，效果如图11-81所示。

（2）选择"文字"工具，选取需要的文字，如图11-82所示。在属性栏中选择文字大小为40，效果如图11-83所示。用相同的方法添加其他文字，效果如图11-84所示。

图11-81　　　　　　　图11-82

图11-83　　　　　　　图11-84

（3）选择"矩形网格"工具，在页面中单击鼠标，弹出"矩形网格工具选项"对话框，在对话框中进行设置，如图11-85所示。单击"确定"按钮，得到一个矩形网格。设置图形填充色的C、M、Y、K值分别为22、10、11、0，填充图形，并填充描边色为黑色，描边粗细为1pt，效果如图11-86所示。

图11-85

图11-86

（4）选择"直接选择"工具，选取矩形网格的直线，调整直线到适当的位置，效果如图11-87所示。用相同的方法调整其他直线，效果如图11-88所示。按Shift+Ctrl+G组合键取消矩形网格群组。

图11-87　　　　　　　图11-88

（5）选择"矩形"工具▣，在适当的位置绘制矩形，设置图形填充色为白色，填充图形，并设置描边色为无，如图11-89所示。按Ctrl+[组合键多次将图形向后移动，效果如图11-90所示。用相同的方法添加其他矩形，效果如图11-91所示。

图11-89 　　　　　　图11-90

图11-91

（6）选择"文字"工具T，在页面中适当的位置输入需要的文字，选择"选择"工具▶，在属性栏中选择合适的字体并设置适当的文字大小，效果如图11-92所示。用相同的方法添加其他文字，效果如图11-93所示。

规格配置		

规格配置	20S	20X
自动天窗		
自动泊入车位		
ABS防抱死		
夜视系统		

图11-92 　　　　　　图11-93

（7）选择"椭圆"工具⬭，按住Shift键的同时，在适当位置绘制一个圆形，设置图形填充色为黑色，填充图形，并设置描边色为无，效果如图11-94所示。

规格配置	20S	20X
自动天窗	●	
自动泊入车位		
ABS防抱死		
夜视系统		

图11-94

（8）选择"直线段"工具╱，在适当的位置绘制直线，设置描边色为黑色，描边粗细为1pt，效果如图11-95所示。用上述方法分别绘制其他图形，效果如图11-96所示。选择"选择"工具▶，选取需要的图形和文字，按Ctrl+G组合键

将其群组，效果如图11-97所示。

规格配置	20S	20X
自动天窗	●	
自动泊入车位		▦
ABS防抱死		
夜视系统		

规格配置	20S	20X
自动天窗	●	●
自动泊入车位	●	—
ABS防抱死	●	●
夜视系统	—	●

图11-95 　　　　　　图11-96

规格配置	20S	20X
自动天窗	◆	◆
自动泊入车位	◆	✕
ABS防抱死	◆	◆
夜视系统	✕	◆

图11-97

（9）选择"窗口 > 透明度"命令，弹出"透明度"控制面板，将"不透明度"选项设为65%，如图11-98所示，效果如图11-99所示。

图11-98

规格配置	20S	20X
自动天窗	◆	◆
自动泊入车位	◆	◆
ABS防抱死	◆	◆
夜视系统	—	◆

图11-99

（10）选择"文字"工具T，在页面中适当的位置输入需要的文字，选择"选择"工具▶，在属性栏中选择合适的字体并设置适当的文字大小，填充文字为白色，效果如图11-100所示。汽车广告制作完成。

图11-100

练习1.1 项目背景及要求

1. 客户名称

乐游乐时尚购物商城。

2. 客户需求

乐游乐时尚购物商城是一家售卖各类商品的综合性购物商城。现为响应3·15消费者权益日，乐游乐时尚购物商城推出"全场五折优惠"的活动，需要针对本次活动制作广告。广告要求将本次活动主题表现得清楚明了，并且能够让人感到耳目一新。

3. 设计要求

（1）广告要色彩丰富，能吸引人的视线。

（2）广告的风格能够让人感受到清凉、舒适。

（3）标题设计醒目，能够快速吸引大众的视线。

（4）设计规格均为210mm（宽）×285mm（高），分辨率为300 dpi。

练习1.2 项目创意及制作

1. 素材资源

图片素材所在位置： 本书学习资源中的"Ch11/素材/制作315购物广告/01、02"。

文字素材所在位置： 本书学习资源中的"Ch11/素材/制作315购物广告/文字文档"。

2. 作品参考

设计作品参考效果所在位置： 本书学习资源中的"Ch11/效果/制作315购物广告"，如图11-101所示。

3. 制作要点

使用矩形工具和渐变工具绘制背景；使用文本工具、自由扭曲命令、混合工具和投影命令绘制标题文字；使用文本工具、渐变工具、绘图工具和对称命令添加宣传内容和图片。

图11-101

课堂练习2——制作冰箱广告

练习2.1　项目背景及要求

1. 客户名称

美凌电器公司。

2. 客户需求

美凌电器以简洁卓越的品牌形象，不断创新的公司理念和竭诚高效的服务质量闻名。目前美凌推出新款电冰箱，要求制作宣传广告。广告能够适用于街头派发及公告栏展示，以宣传家电为主要内容，能表现出冰箱的新技术及特色。

3. 设计要求

（1）广告内容以冰箱照片为主，将体现特点的符号与图片相结合，相互衬托。

（2）色调要通透明亮，带给人安宁舒适的感受。

（3）整体设计要寓意深远且紧扣主题，能使人产生购买欲望。

（4）设计规格均为210mm（宽）×297mm（高），分辨率为300 dpi。

练习2.2　项目创意及制作

1. 素材资源

图片素材所在位置：本书学习资源中的"Ch11/素材/制作冰箱广告/01~08"。

文字素材所在位置：本书学习资源中的"Ch11/素材/制作冰箱广告/文字文档"。

2. 作品参考

设计作品参考效果所在位置：本书学习资源中的"Ch11/效果/制作冰箱广告.ai"，效果如图11-102所示。

3. 制作要点

使用置入命令、矩形工具和创建剪切蒙版命令制作背景效果；使用置入命令和透明度面板添加光照效果；使用文字工具、字符面板和创建轮廓命令制作文字效果。

图11-102

习题1.1 项目背景及要求

1. 客户名称

爱堡堡。

2. 客户需求

爱堡堡是一家集产品开发、生产、销售为一体的西式快餐餐厅,在全国拥有多家连锁店。该餐厅服务的主题是倡导绿色、环保、健康的生活,绝对用高品质的原材料,实现高品位的生活享受。现推出新品至尊牛肉堡,要求制作宣传广告,能够适用于街头派发及公告栏展示。

3. 设计要求

(1)广告内容以汉堡照片为主,体现出产品特色。

(2)画面色彩艳丽,带给人鲜香诱人的感受。

(3)画面要层次分明,充满韵律感和节奏感。

(4)整体设计要寓意深远且紧扣主题,能使人产生购买欲望。

(5)设计规格均为210mm(宽)×297mm(高),分辨率为300 dpi。

习题1.2 项目创意及制作

1. 素材资源

图片素材所在位置:本书学习资源中的"Ch11/素材/制作汉堡广告/01、02"。

文字素材所在位置:本书学习资源中的"Ch11/素材/制作汉堡广告/文字文档"。

2. 作品参考

设计作品参考效果所在位置:本书学习资源中的"Ch11/效果/制作汉堡广告.ai",效果如图11-103所示。

图11-103

3. 制作要点

使用置入命令置入图片;使用文字工具、圆角命令和混合工具制作标题文字;使用高斯模糊命令为图形添加模糊效果。

课后习题2——制作女鞋电商广告

习题2.1　项目背景及要求

1. 客户名称

GXZ鞋业。

2. 客户需求

GXZ鞋业是一家专门制造和经营女鞋的公司，最近推出了系列款新女高跟鞋，是针对流行色设计的。现进行促销活动，需要制作一幅针对此次活动的促销广告，要求能够体现该产品的特色。

3. 设计要求

（1）广告内容以产品图片为主，突出对产品的宣传和介绍。

（2）色调要明亮宽广，能增强视觉宽广度，给人舒适爽快的感觉。

（3）画面要有层次感，突出主要信息。

（4）整体设计能展现出产品的功能特色及优势特性，能使人产生购买欲望。

（5）设计规格均为1920 px（宽）×600 px（高），分辨率为300 dpi。

习题2.2　项目创意及制作

1. 素材资源

图片素材所在位置： 本书学习资源中的"Ch11/素材/制作女鞋电商广告/01~05"。

文字素材所在位置： 本书学习资源中的"Ch11/素材/制作女鞋电商广告/文字文档"。

2. 作品参考

设计作品参考效果所在位置： 本书学习资源中的"Ch11/效果/制作女鞋电商广告.ai"，效果如图11-104所示。

3. 制作要点

使用置入命令置入图片；使用矩形工具绘制背景；使用文本工具、字符面板添加宣传性文字。

图11-104

11.3 杂志设计——制作时尚杂志封面

11.3.1 项目背景及要求

1. 客户名称

空雨时尚杂志社。

2. 客户需求

丽风尚杂志是一本为走在时尚前沿的人们准备的时尚类杂志。该杂志主要介绍完美彩妆、流行影视、时尚服饰等信息。现要求进行杂志的封面设计，用于杂志的出版及发售，在设计上要营造出时尚感和现代感。

3. 设计要求

（1）画面要以极具现代气息的女性照片为内容。

（2）栏目标题的设计能诠释杂志内容，表现杂志特色。

（3）画面色彩要充满时尚性和现代感。

（4）设计风格具有特色，版式布局相对集中紧凑、合理有序。

（5）设计规格均为210mm（宽）×297mm（高），分辨率为300 dpi。

11.3.2 项目创意及制作

1. 素材资源

图片素材所在位置：本书学习资源中的"Ch11/素材/制作时尚杂志封面/01~02"。

文字素材所在位置：本书学习资源中的"Ch11/素材/制作时尚杂志封面/文字文档"。

2. 设计作品

设计作品参考效果所在位置：本书学习资源中的"Ch11/效果/制作时尚杂志封面.ai"，效果如图11-105所示。

图11-105

3. 制作要点

使用置入命令、矩形工具和创建剪切蒙版命令制作背景效果；使用文字工具、字符面板、直线选择工具和创建轮廓命令制作文字效果；使用投影命令添加文字投影；使用钢笔工具和文字工具制作路径文字。

11.3.3 案例制作及步骤

（1）按Ctrl+N组合键新建一个文档，宽度为210mm，高度为297mm，取向为竖向，颜色模式为CMYK，单击"确定"按钮。选择"文件 > 置入"命令，弹出"置入"对话框，选择本书学习资源中的"Ch11 > 素材 > 制作时尚杂志封面 > 01"文件，单击"置入"按钮，置入文件。单击属性栏中的"嵌入"按钮，嵌入图片，并调整其大小，效果如图11-106所示。

图11-106

（2）选择"矩形"工具▢，绘制一个与页

面大小相等的矩形。选择"选择"工具▶，将矩形和图片同时选取，按Ctrl+7组合键，创建剪切蒙版，效果如图11-107所示。选择"文字"工具 T，在适当的位置输入需要的文字，选择"选择"工具▶，在属性栏中选择合适的字体和文字大小，设置文字填充色的C、M、Y、K值分别为0、50、100、0，填充文字，效果如图11-108所示。

图11-107　　　　　　　图11-108

（3）选择"选择"工具▶，选取文字，向左拖曳右侧中间的控制手柄到适当的位置，效果如图11-109所示。选择"文字 > 创建轮廓"命令，将文字转换为轮廓，效果如图11-110所示。

图11-109　　　　　　　图11-110

（4）选择"直接选择"工具▶，圈选需要的节点并将其拖曳到适当的位置，效果如图11-111所示。选择"矩形"工具▯，绘制一个矩形，填充为黑色，并设置描边色为无，效果如图11-112所示。

图11-111　　　　　　　图11-112

（5）选择"文字"工具 T，在适当的位置输入需要的文字，设置文字填充色的C、M、Y、K值分别为0、35、85、0，填充文字。选择"窗口 > 文

字 > 字符"命令，在弹出的"字符"面板中进行设置，如图11-113所示。按Enter键确认操作，效果如图11-114所示。

图11-113　　　　　　　图11-114

（6）选择"文字"工具 T，在适当的位置输入需要的文字，选择"选择"工具▶，在属性栏中选择合适的字体和文字大小，设置文字填充色的C、M、Y、K值分别为50、70、80、70，填充文字，效果如图11-115所示。

图11-115

（7）保持文字的选取状态。选择"效果>风格化 > 投影"命令，弹出对话框，将投影颜色的C、M、Y、K值分别设置为0、53、91、0，其他选项的设置如图11-116所示。单击"确定"按钮，效果如图11-117所示。

图11-116

图11-117

（8）选择"矩形"工具▣，绘制一个矩形，设置图形填充色的C、M、Y、K值分别为0、80、95、0，填充图形，并设置描边色为无，效果如图11-118所示。选择"文字"工具T，在适当的位置输入需要的文字，选择"选择"工具▶，在属性栏中选择合适的字体和文字大小，填充文字为白色，效果如图11-119所示。

图11-118   图11-119

（9）选择"椭圆"工具◉，按住Shift键的同时，在适当的位置绘制圆形，设置图形描边色的C、M、Y、K值分别为0、80、95、0，填充描边，效果如图11-120所示。在属性栏中将"描边粗细"选项设为18pt，效果如图11-121所示。

图11-120   图11-121

（10）选择"椭圆"工具◉，按住Alt+Shift组合键的同时，以圆形的中心为圆心绘制圆形，填充为白色，并设置描边色为无，效果如图

11-122所示。选择"窗口＞透明度"命令，在弹出的"透明度"面板中进行设置，如图11-123所示，效果如图11-124所示。

图11-122   图11-123

图11-124

（11）选择"文字"工具T，在适当的位置输入需要的文字，选择"选择"工具▶，在属性栏中选择合适的字体和文字大小，设置文字填充色的C、M、Y、K值分别为0、80、95、0，填充文字，效果如图11-125所示。按Alt+向上方向键，调整文字的行距，效果如图11-126所示。

图11-125   图11-126

（12）选择"椭圆"工具◉，按住Alt+Shift组合键的同时，以圆形的中心为圆心绘制圆形，如图11-127所示。选择"文字"工具T，在路径上单击插入光标，输入需要的文字，并将文字选取，在属性栏中选择合适的字体和文字大小，效果如图11-128所示。

图11-127　　　　　　　　图11-128

（13）选择"文字"工具[T]，在适当的位置分别输入需要的文字，选择"选择"工具[k]，在属性栏中分别选择合适的字体和文字大小，效果如图11-129所示。

（14）按Ctrl+O组合键，打开本书学习资源中的"Ch11 > 素材 > 制作时尚杂志封面 > 02"文件，按Ctrl+A组合键全选图形，复制并将其粘贴到正在编辑的页面中，效果如图11-130所示。

图11-129　　　　　　　　图11-130

（15）选择"文字"工具[T]，在适当的位置输入需要的文字，选择"选择"工具[k]，在属性栏中选择合适的字体和文字大小，填充文字为白色。选取文字，向右拖曳右侧中间的控制手柄到适当的位置，效果如图11-131所示。选择"文字 > 创建轮廓"命令，将文字转换为轮廓，效果如图11-132所示。

图11-131　　　　　　　　图11-132

（16）选择"椭圆"工具[○]，按住Shift键的

同时，在适当的位置绘制圆形，填充为白色，并设置描边色为无，效果如图11-133所示。选择"选择"工具[k]，按住Alt键的同时，将圆形拖曳到适当的位置复制圆形，效果如图11-134所示。

图11-133

图11-134

（17）选择"选择"工具[k]，将文字和圆形同时选取，设置图形描边色的C、M、Y、K值分别为0、80、95、0，填充描边。选择"窗口 > 描边"命令，在弹出的面板中进行设置，如图11-135所示，效果如图11-136所示。

图11-135

图11-136

（18）选择"矩形"工具[□]，绘制一个矩形，设置图形填充色的C、M、Y、K值分别为0、80、95、0，填充图形，并设置描边色为无，效果如图11-137所示。选择"文字"工具[T]，在适当的位置输入需要的文字，选择"选择"工具[k]，在属性栏中选择合适的字体和文字大小，填充文字为白色，效果如图11-138所示。

图11-137

图11-138

（19）选择"文字"工具 T，在适当的位置输入需要的文字，选择"选择"工具 ，在属性栏中选择合适的字体和文字大小，填充文字为白色，效果如图11-139所示。选取文字，向右拖曳右侧中间的控制手柄到适当的位置，效果如图11-140所示。

图11-139

图11-140

（20）保持文字选取状态。选择"效果 > 风格化 > 投影"命令，弹出对话框，选项的设置如图11-141所示。单击"确定"按钮，效果如图11-142所示。

图11-141

图11-142

（21）选择"文字"工具 T，在适当的位置分别输入需要的文字，选择"选择"工具 ，在属性栏中分别选择合适的字体和文字大小，效果如图11-143所示。选取需要的文字，设置文字填充色的C、M、Y、K值分别为50、70、80、70，填充文字，效果如图11-144所示。时尚杂志封面制作完成，效果如图11-145所示。

图11-143　　　　　　　图11-144

图11-145

课堂练习1——制作旅游杂志栏目

练习1.1　项目背景及要求

1. 客户名称

空雨时尚杂志社。

2. 客户需求

本例是为丽风尚杂志制作旅游栏目。在时尚杂志中，旅游栏目是必不可少的，本期介绍的是浪漫之都威尼斯，威尼斯是旅行和蜜月的胜地。设计要求具有现代感和流行性，符合游客的喜好，突出城市特色。

3. 设计要求

（1）画面要以浪漫唯美的景色照片为内容。

（2）栏目标题的设计能诠释杂志的主要内容，表现杂志特色。

（3）画面色彩搭配适宜，给人甜美温馨的印象。

（4）设计风格具有特色，版式布局相对集中，能吸引读者阅读。

（5）设计规格均为420mm（宽）×285mm（高），分辨率为300 dpi。

练习1.2　项目创意及制作

1. 素材资源

图片素材所在位置： 本书学习资源中的"Ch11/素材/制作旅游杂志栏目/01~06"。

文字素材所在位置： 本书学习资源中的"Ch11/素材/制作旅游杂志栏目/文字文档"。

2. 作品参考

设计作品参考效果所在位置：
本书学习资源中的"Ch11/效果/制作旅游杂志栏目.ai"，效果如图11-146所示。

图11-146

3. 制作要点

使用矩形工具、投影命令、置入命令和建立剪切蒙版命令制作相框图片；使用文字工具、字符面板和段落面板添加栏目信息。

练习2.1　项目背景及要求

1. 客户名称

空雨时尚杂志社。

2. 客户需求

本例是为丽风尚杂志制作汽车杂志栏目。在时尚杂志中，汽车杂志栏目也是必不可少的，它介绍当前流行的跑车款式及配置信息。设计要求具有现代感和流行性，符合现代青年的喜好。

3. 设计要求

（1）画面要以跑车照片和宣传文字为内容。

（2）栏目名称的设计与封面相呼应，具有统一感。

（3）画面色彩搭配适宜，给人时尚和现代的感觉。

（4）设计风格具有特色，版式布局新颖独特，能吸引读者阅读。

（5）设计规格均为420mm（宽）×285mm（高），分辨率为300 dpi。

练习2.2　项目创意及制作

1. 素材资源

图片素材所在位置：本书学习资源中的"Ch11/素材/制作汽车杂志栏目/01~04"。

文字素材所在位置：本书学习资源中的"Ch11/素材/制作汽车杂志栏目/文字文档"。

2. 作品参考

设计作品参考效果所在位置：本书学习资源中的"Ch11/效果/制作汽车杂志栏目.ai"，效果如图11-147所示。

图11-147

3. 制作要点

使用矩形工具、直接选择工具、钢笔工具和建立剪切蒙版命令制作背景；使用文本工具、选择工具制作标题文字；使用钢笔工具、区域文字工具制作区域文字效果。

课后习题1——制作家居杂志栏目

习题1.1　项目背景及要求

1. 客户名称

空雨时尚杂志社。

2. 客户需求

本例是为丽风尚杂志制作家居栏目。该栏目介绍的是当季流行的简约款家居，同时还会向读者分享新产品，得到多数都市青年的喜爱。设计要求具有时尚、新潮的特点，符合消费者的喜好。

3. 设计要求

（1）画面要以家居照片和介绍文字为内容。

（2）栏目名称的设计与整体画面相呼应，具有统一感。

（3）画面色彩搭配适宜，充满流行和新潮的特点。

（4）设计风格具有特色，版式布局新颖独特，能吸引读者阅读。

（5）设计规格均为420mm（宽）×285mm（高），分辨率为300 dpi。

习题1.2　项目创意及制作

1. 素材资源

图片素材所在位置： 本书学习资源中的"Ch11/素材/制作家居杂志栏目/01~13"。

文字素材所在位置： 本书学习资源中的"Ch11/素材/制作家居杂志栏目/文字文档"。

2. 作品参考

设计作品参考效果所在位置： 本书学习资源中的"Ch11/效果/制作家居杂志栏目.ai"，效果如图11-148所示。

3. 制作要点

使用矩形工具、投影命令、置入命令和建立剪切蒙版命令制作相框图片；使用文字工具添加栏目名称及介绍性文字。

图11-148

课后习题2——制作婚礼栏目

习题2.1 项目背景及要求

1. 客户名称

空雨时尚杂志社。

2. 客户需求

本例是为丽风尚杂志制作婚礼栏目。本期婚礼栏目包括室内、室外婚礼的场景布置等内容。在栏目的页面设计上，要抓住栏目特色，营造出高端、大气的氛围。

3. 设计要求

（1）画面要以实景照片和介绍性文字为内容。

（2）栏目名称的设计与杂志内容相呼应，具有统一感。

（3）画面色彩搭配适宜，营造出温馨唯美的婚礼氛围。

（4）设计风格具有特色，版式分割精巧活泼，能吸引读者阅读。

（5）设计规格均为420mm（宽）×297mm（高），分辨率为300 dpi。

习题2.2 项目创意及制作

1. 素材资源

图片素材所在位置：本书学习资源中的"Ch11/素材/制作婚礼栏目/01~06"。

文字素材所在位置：本书学习资源中的"Ch11/素材/制作婚礼栏目/文字文档"。

2. 作品参考

设计作品参考效果所在位置：本书学习资源中的"Ch11/效果/制作婚礼栏目.ai"，效果如图11-149所示。

3. 制作要点

使用置入命令、矩形工具、创建剪切蒙版命令和旋转工具制作图片效果；使用文字工具修改栏目标题；使用文字工具、矩形工具和字符面板添加栏目内容；使用投影命令为文字添加投影。

图11-149

11.4 书籍装帧设计——制作旅行书籍封面

11.4.1 项目背景及要求

1. 客户名称

青青木旅游出版社。

2. 客户需求

《让这个地方留下你的脚印——意大利篇》是青青木旅游出版社策划的一套旅游系列丛书中的一篇，书中的内容充满知识性和趣味性，使读者在乐趣中增长知识。现要求进行书籍的封面设计，用于图书的出版及发售，设计要符合旅游达人的喜好，体现出意大利特色。

3. 设计要求

（1）封面以风景照片为主要的展现内容。

（2）色彩搭配合理，使画面看起来美观、舒适。

（3）设计要表现出书籍的时尚、典雅的风格。

（4）整个设计充满特色，让人一目了然。

（5）设计规格均为440mm（宽）×285mm（高），分辨率为300 dpi。

11.4.2 项目创意及制作

1. 设计素材

图片素材所在位置：本书学习资源中的"Ch11/素材/制作旅行书籍封面/01~10"。

文字素材所在位置：本书学习资源中的"Ch11/素材/制作旅行书籍封面/文字文档"。

2. 设计作品

设计作品参考效果所在位置：本书学习资源中的"Ch11/效果/制作旅行书籍封面.ai"，效果如图11-150所示。

图11-150

3. 制作要点

使用矩形工具、剪切蒙版命令制作背景；使用文字工具、倾斜命令制作标题文字；使用钢笔工具和透明度、文字工具、剪切蒙版命令制作书籍背面；使用直线段工具、矩形工具和直排文字制作书脊；使用文字工具添加菜单信息。

11.4.3 案例制作及步骤

1. 制作封面正面

（1）按Ctrl+N组合键新建一个文档，宽度为440mm，高度为285mm，取向为横向，颜色模式为CMYK，单击"确定"按钮。

（2）选择"矩形"工具▢，绘制一个与页面大小相等的矩形，设置图形填充色的C、M、Y、K值分别为12、7、75、0，填充图形，并设置描边色为无，如图11-151所示。用相同的方法绘制矩形，并填充矩形为白色，效果如图11-152所示。

图11-151 　　　　　　　　图11-152

（3）选择"文件 > 置入"命令，弹出"置入"对话框，选择本书学习资源中的"Ch11 > 素材 > 制作旅行书籍封面 > 01"文件，单击"置入"按钮，将图片置入页面中，单击属性栏中的"嵌入"按钮，嵌入图片。选择"选择"工

具 ，拖曳图片到适当的位置，效果如图11-153所示。

（4）选择"矩形"工具 ，在适当的位置绘制矩形，如图11-154所示。选择"选择"工具 ，选取需要的图形，如图11-155所示。选择"对象 > 剪切蒙版 > 建立"命令，效果如图11-156所示。

图11-153　　　　　　图11-154

图11-155　　　　　　图11-156

（5）选择"文件 > 置入"命令，弹出"置入"对话框，选择本书学习资源中的"Ch11 > 素材 > 制作旅行书籍封面 > 02"文件，单击"置入"按钮，将图片置入页面中，单击属性栏中的"嵌入"按钮，嵌入图片。选择"选择"工具 ，拖曳图片到适当的位置，效果如图11-157所示。

（6）选择"钢笔"工具 ，在适当的位置绘制不规则图形，如图11-158所示。选择"选择"工具 ，选取需要的图形，如图11-159所示。选择"对象 > 剪切蒙版 > 建立"命令，效果如图11-160所示。

图11-157　　　　　　图11-158

图11-159　　　　　　图11-160

（7）选择"文字"工具 ，在页面中适当的位置输入需要的文字，选择"选择"工具 ，在属性栏中选择合适的字体并设置适当的文字大小，设置文字填充色为白色，填充文字，效果如图11-161所示。选取需要的文字，如图11-162所示。在属性栏中选择文字大小为74pt，效果如图11-163所示。用相同的方法分别调整其他文字大小，效果如图11-164所示。

图11-161　　　　　　图11-162

图11-163　　　　　　图11-164

（8）选择"对象 > 变换 > 倾斜"命令，弹出"倾斜"对话框，选项的设置如图11-165所示。单击"确定"按钮，效果如图11-166所示。

（9）选择"文字"工具 ，在页面中适当的位置输入需要的文字，选择"选择"工具 ，在属性栏中选择合适的字体并设置适当的文字大小，设置文字填充色为白色，填充文字，效果如图11-167所示。

图11-165

图11-166　　　　　　　图11-167

（10）选择"矩形"工具█，绘制一个与页面大小相等的矩形，设置图形填充色为黑色，填充图形，并设置描边色为无，如图11-168所示。用相同的方法绘制矩形，并填充矩形适当的颜色，效果如图11-169所示。

图11-168　　　　　　　图11-169

（11）选择"文字"工具T，在页面中适当的位置输入需要的文字，选择"选择"工具▶，在属性栏中选择合适的字体并设置适当的文字大小，设置文字填充色为白色，填充文字，效果如图11-170所示。用相同的方法添加其他文字，效果如图11-171所示。

图11-170　　　　　　　图11-171

（12）选择"文字"工具T，在页面中适当的位置输入需要的文字，选择"选择"工具▶，在属性栏中选择合适的字体并设置适当的文字大小，设置文字填充色为白色，填充文字，效果如图11-172所示。按Ctrl+T组合键，弹出"字符"面板，将所选文字的字距调整为1140，设置如图11-173所示，文字效果如图11-174所示。

图11-172　　　　　　　图11-173

图11-174

（13）选择"钢笔"工具✍，在适当的位置绘制不规则图形，设置图形填充色的C、M、Y、K值分别为12、7、75、0，填充图形，并设置描边色为无，如图11-175所示。

图11-175

（14）选择"文字"工具T，在页面中适当的位置输入需要的文字，选择"选择"工具▶，在属性栏中选择合适的字体并设置适当的文字大小，效果如图11-176所示。用相同的方法添加其他文字，效果如图11-177所示。

图11-176

在天地之间，在梦的彼端
慢慢走
为记忆中的美丽，寻找一个去远方的理由

图11-177

（15）按Ctrl+O组合键，打开本书学习资源中的"Ch11 > 素材 > 制作旅行书籍封面 > 03"文件，按Ctrl+A组合键全选图形，复制并将其粘贴到正在编辑的页面中，选择"选择"工具 ，选取图形并将其拖曳到适当的位置，如图11-178所示。

图11-178

（16）选择"钢笔"工具 ，在适当的位置绘制不规则图形，如图11-179所示。选择"路径文字"工具 ，在页面中适当的位置输入需要的文字，选择"选择"工具 ，在属性栏中选择合适的字体并设置适当的文字大小，设置文字填充色为白色，填充文字，效果如图11-180所示。

图11-179

图11-180

（17）选择"文字"工具 ，在页面中适当的位置输入需要的文字，选择"选择"工具 ，在属性栏中选择合适的字体并设置适当的文字大小，设置文字填充色为白色，填充文字，效果如图11-181所示。

图11-181

（18）按Ctrl+O组合键，打开本书学习资源中的"Ch11 > 素材 > 制作旅行书籍封面 > 04"文件，按Ctrl+A组合键全选图形，复制并将其粘贴到正在编辑的页面中，选择"选择"工具 ，选取图形并将其拖曳到适当的位置，如图11-182所示。选择"选择"工具 ，选取

需要的图形，按住Alt+Shift组合键的同时，垂直向下拖曳图形到适当位置，复制图形，效果如图11-183所示。

图11-182

图11-183

2. 制作封面背面

（1）选择"选择"工具 ，选取需要的图形，效果如图11-184所示。按住Alt+Shift组合键的同时，水平向左拖曳图形到适当的位置，复制图形，效果如图11-185所示。

图11-184

图11-185

（2）选择"矩形"工具 ，在适当的位置

绘制矩形，设置图形填充色的C、M、Y、K值分别为73、62、0、0，填充图形，并设置描边色为无，如图11-186所示。

（3）选择"文件 > 置入"命令，弹出"置入"对话框，选择本书学习资源中的"Ch11 > 素材 > 制作旅行书籍封面 > 05"文件，单击"置入"按钮，将图片置入页面中，单击属性栏中的"嵌入"按钮，嵌入图片。选择"选择"工具，拖曳图片到适当的位置，效果如图11-187所示。

图11-186　　　　　　图11-187

（4）选择"窗口 > 透明度"命令，弹出"透明度"控制面板，将"不透明度"选项设为15%，如图11-188所示，效果如图11-189所示。

图11-188　　　　　　图11-189

（5）选择"04"文件，选择"选择"工具，选取素材，按Shift+Ctrl+G组合键取消图形编组，并选取需要的图形，如图11-190所示。复制并将其粘贴到正在编辑的页面中，按Ctrl+V组合键粘贴图形，将其拖曳到适当的位置并旋转适当的角度，如图11-191所示。设置图形填充色为白色，填充图形，效果如图11-192所示。

图11-190

图11-191　　　　　　图11-192

（6）选择"对象 > 变换 > 对称"命令，弹出"镜像"对话框，选项的设置如图11-193所示。单击"复制"按钮，效果如图11-194所示。选择"选择"工具，按Shift键的同时，水平向右拖曳图形到适当位置，效果如图11-195所示。

图11-193

图11-194

图11-195

（7）按Ctrl+O组合键，打开本书学习资源中的"Ch11 > 素材 > 制作旅行书籍封面 > 06"文件，按Ctrl+A组合键全选图形，复制并将其粘贴到正在编辑的页面中，选择"选择"工具，选取图形并将其拖曳到适当的位置，如图11-196所示。

图11-196

（8）选择"选择"工具 ▶，选取需要的图形，如图11-197所示。按住Alt键的同时，拖曳图形到适当位置，复制图形，效果如图11-198所示。

图11-197　　　　　图11-198

（9）选择"矩形"工具 □，在适当的位置绘制矩形，设置图形填充色的C、M、Y、K值分别为12、35、0、0，填充图形，并设置描边色为无，如图11-199所示。用相同的方法绘制矩形，并填充矩形适当的颜色，效果如图11-200所示。

图11-199　　　　　图11-200

（10）选择"文字"工具 T，在页面中适当的位置输入需要的文字，选择"选择"工具 ▶，在属性栏中选择合适的字体并设置适当的文字大小，效果如图11-201所示。用相同的方法添加其他文字，效果如图11-202所示。

图11-201　　　　　图11-202

（11）选择"直排文字"工具 IT，在页面中适当的位置输入需要的文字，选择"选择"工具 ▶，在属性栏中选择合适的字体并设置适当的文字大小，效果如图11-203所示。

图11-203

（12）选择"文字"工具 T，在页面中适当的位置输入需要的文字，选择"选择"工具 ▶，在属性栏中选择合适的字体并设置适当的文字大小，设置文字填充色为白色，填充文字，效果如图11-204所示。

图11-204

（13）按Ctrl+O组合键，打开本书学习资源中的"Ch11 > 素材 > 制作旅行书籍封面 > 07"文件，按Ctrl+A组合键全选图形，复制并将其粘贴到正在编辑的页面中，选择"选择"工具 ▶，选取图形并将其拖曳到适当的位置，如图11-205所示。

图11-205

（14）选择"矩形"工具 □，在适当的位置绘制矩形，如图11-206所示。选择"选择"工具 ▶，选取需要的图形，如图11-207所示。选择"对象 > 剪切蒙版 > 建立"命令，效果如图11-208所示。

图11-206

图11-207

图11-208

（15）按Ctrl+O组合键，打开本书学习资源中的"Ch11 > 素材 > 制作旅行书籍封面 > 08"文件，按Ctrl+A组合键全选图形，复制并将其粘贴到正在编辑的页面中，选择"选择"工具 ，选取图形并将其拖曳到适当的位置，如图11-209所示。用相同的方法添加"09"文件，如图11-210所示。

图11-209　　　　　　图11-210

（16）选择"文字"工具 T，在页面中适当的位置输入需要的文字，选择"选择"工具 ，在属性栏中选择合适的字体并设置适当的文字大小，设置文字填充色为白色，填充文字，效果如图11-211所示。

图11-211

3. 制作封面书脊

（1）选择"直线段"工具，在适当的位置绘制直线，设置描边色为黑色，描边粗细为2pt，效果如图11-212所示。选择"选择"工具，选取

需要的图形，效果如图11-213所示。

图11-212　　　　　　图11-213

（2）选择"对象 > 变换 > 旋转"命令，弹出"旋转"对话框，选项的设置如图11-214所示。单击"复制"按钮，效果如图11-215所示。

图11-214　　　　　　图11-215

（3）选择"矩形"工具，在适当的位置绘制矩形，设置图形填充色为黑色，填充图形，并设置描边色为无，如图11-216所示。用相同的方法绘制其他矩形，并分别填充矩形适当的颜色，效果如图11-217所示。

（4）选择"直线段"工具，在适当的位置绘制直线，设置描边色的C、M、Y、K值分别为12、7、75、0，填充描边，设置描边粗细为5pt，效果如图11-218所示。用相同的方法绘制其他直线，效果如图11-219所示。

图11-216　　　图11-217　　　图11-218　　　图11-219

（5）选择"选择"工具 ▶，选取需要的图形，效果如图11-220所示。选择"对象 > 变换 > 对称"命令，弹出"镜像"对话框，选项的设置如图11-221所示。单击"复制"按钮，效果如图11-222所示。

图11-220　　　　图11-221　　　　图11-222

（6）选择"选择"工具 ▶，选取需要的图形，如图11-223所示。按住Alt键的同时，拖曳图形到适当位置复制图形，效果如图11-224示。

图11-223　　　　　　图11-224

（7）选择"矩形"工具 ▢，在适当的位置绘制矩形，设置图形填充色的C、M、Y、K值分别为73、62、0、0，填充图形，并设置描边色为无，如图11-225所示。

（8）选择"文字"工具 T，在页面中适当的位置输入需要的文字，选择"选择"工具 ▶，在属性栏中选择合适的字体并设置适当的文字大小，设置文字填充色为白色，填充文字，效果如图11-226所示。

图11-225　　　　　　图11-226

（9）选择"直线段"工具 ╱，在适当的位置绘制直线，设置描边色的C、M、Y、K值分别为12、7、75、0，描边粗细为1pt，效果如图11-227所示。

图11-227

（10）选择"选择"工具 ▶，选取需要的图形，如图11-228所示。按住Alt键的同时，拖曳图形到适当位置复制图形，效果如图11-229所示。

图11-228　　　　　　图11-229

（11）选择"直排文字"工具 ⟦T⟧，在页面中适当的位置输入需要的文字，选择"选择"工具 ▶，在属性栏中选择合适的字体并设置适当的文字大小，效果如图11-230所示。

图11-230

（12）选择"椭圆"工具 ⬭，按住Shift键的同时，在适当位置绘制一个圆形，设置图形填充色的C、M、Y、K值分别为47、0、18、0，填充图形，并设置描边色为无，效果如图11-231所示。

（13）选择"选择"工具 ▶，按住Alt键的同时，拖曳图形到适当位置复制图形，效果如图11-232所示。

图11-231　　　　　　图11-232

（14）选择"选择"工具 ▶，选取需要的图形，如图11-233所示。在"路径查找器"控制面板中，单击"联集"按钮 回，如图11-234所示。生成新的对象，效果如图11-235所示。

图11-233　　　　　　图11-234

图11-235

（15）选择"直排文字"工具 IT，在页面中适当的位置输入需要的文字，选择"选择"工具 ▶，在属性栏中选择合适的字体并设置适当的文字大小，设置文字填充色为白色，填充文字，效果如图11-236所示。用相同的方法添加其他的图形和文字，效果如图11-237所示。

（16）选择"直排文字"工具 IT，在页面中适当的位置输入需要的文字，选择"选择"工具 ▶，在属性栏中选择合适的字体并设置适当的文字大小，效果如图11-238所示。

图11-236　　　图11-237　　　图11-238

（17）选择"选择"工具 ▶，选取需要的图形，如图11-239所示。按住Alt键的同时，拖曳图形到适当位置复制图形，效果如

图11-240所示。在属性栏中设置适当的画笔定义，如图11-241所示，效果如图11-242所示。

图11-239　　　　　　图11-240

图11-241　　　　　　图11-242

（18）选择"直排文字"工具 IT，在页面中适当的位置输入需要的文字，选择"选择"工具 ▶，在属性栏中选择合适的字体并设置适当的文字大小，效果如图11-243所示。旅行书籍封面制作完成，效果如图11-244所示。

图11-243

图11-244

练习1.1　项目背景及要求

1. 客户名称

美食记出版社。

2. 客户需求

《美食秘籍》是美食记出版社策划的为都市青年提供美食参考的书籍。本案例是为美食书籍制作封面。美食书籍的内容是围绕美食，所以设计要求以美食图案为画面主要内容，并且合理搭配与用色，使书籍看起来更具特色。

3. 设计要求

（1）封面以美食图案为主要绘制内容。

（2）使用纯色的背景以烘托画面，使画面看起来精致诱人。

（3）表现出书籍时尚、高端的风格。

（4）整个设计充满特色，让人一目了然。

（5）设计规格均为383mm（宽）×260mm（高），分辨率为300 dpi。

练习1.2　项目创意及制作

1. 素材资源

图片素材所在位置：本书学习资源中的"Ch11/素材/制作美食书籍封面/01~03"。

文字素材所在位置：本书学习资源中的"Ch11/素材/制作美食书籍封面/文字文档"。

2. 作品参考

设计作品参考效果所在位置：本书学习资源中的"Ch11/效果/制作美食书籍封面.ai"，效果如图11-245所示。

3. 制作要点

使用矩形工具绘制背景图形；使用置入命令置入图片；使用直排文字工具添加封面文字；使用字形命令插入符号。

图11-245

课堂练习2——制作民间皮影书籍封面

练习2.1 项目背景及要求

1. 客户名称

中国文化出版社。

2. 客户需求

《民间皮影》是中国文化出版社策划的一本关于皮影的书。皮影是一种用灯光照射兽皮或纸板做成的人物剪影以表演故事的民间戏剧。皮影戏是中国汉族民间的一门古老传统艺术，书中主要介绍皮影类型、出处、使用方法等。现要求进行书籍的封面设计，用于图书的出版及发售。设计要古朴典雅，体现皮影艺术的特色。

3. 设计要求

（1）书籍封面的设计要以书籍主题为主导。

（2）使用直观醒目的图像来诠释书籍内容，表现书籍特色。

（3）画面色彩使用要沉稳大气，给人古朴典雅的印象。

（4）封面版式简单大方，突出主题。

（5）设计规格均为353mm（宽）×239mm（高），分辨率为300 dpi。

练习2.2 项目创意及制作

1. 素材资源

图片素材所在位置：本书学习资源中的"Ch11/素材/制作民间皮影书籍封面/01~07"。

文字素材所在位置：本书学习资源中的"Ch11/素材/制作民间皮影书籍封面/文字文档"。

2. 作品参考

设计作品参考效果所在位置：本书学习资源中的"Ch11/效果/制作民间皮影书籍封面.ai"，效果如图11-246所示。

3. 制作要点

使用直排文字工具、字符面板和直线段工具制作介绍文字；使用置入命令添加皮影图片；使用矩形工具、直排文字工具和创建剪切蒙版命令制作书脊。

图11-246

习题1.1　项目背景及要求

1. 客户名称

科学教育出版社。

2. 客户需求

《拖延心理学》是科学教育出版社策划的心理学系列书籍。书中涉及人类知觉、认知、情绪、人格、行为、人际关系、社会关系等许多领域，也涉及家庭、教育、社会等日常生活的许多领域。现要求进行书籍的封面设计，用于图书的出版及发售。

3. 设计要求

（1）以图文搭配的形式诠释书籍内容，表现书籍特色。

（2）画面色彩要明亮鲜丽，使用大胆而丰富的色彩，丰富画面效果。

（3）设计风格具有特色，能够引起读者的注意，以及阅读兴趣。

（4）设计规格均为353mm（宽）×239mm（高），分辨率为300 dpi。

习题1.2　项目创意及制作

1. 素材资源

图片素材所在位置： 本书学习资源中的"Ch11/素材/制作心理学书籍封面/01、02"。

文字素材所在位置： 本书学习资源中的"Ch11/素材/制作心理学书籍封面/文字文档"。

2. 作品参考

设计作品参考效果所在位置： 本书学习资源中的"Ch11/效果/制作心理学书籍封面.ai"，效果如图11-247所示。

图11-247

3. 制作要点

使用置入命令置入图片，使用矩形工具和路径查找器面板制作书名；使用文字工具、字符面板、创建轮廓命令和钢笔工具添加介绍性文字。

课后习题2——制作儿童插画书籍封面

习题2.1 项目背景及要求

1. 客户名称

新思维美术教育出版社。

2. 客户需求

《插画欣赏集》是新思维美术教育出版社策划的一本儿童插画的书籍，书中的内容充满创造性和趣味性，能启发孩子的创意潜能和艺术性，使孩子在欣赏插画的同时产生兴趣。现要求进行书籍的封面设计，用于图书的出版及发售。设计要符合儿童的喜好，给人活力和快乐的感觉。

3. 设计要求

（1）书籍封面的设计要以儿童喜欢的插画元素为主导。

（2）使用直观的形式来诠释书籍内容，表现书籍特色。

（3）画面色彩要明亮鲜丽，效果丰富活泼。

（4）设计风格具有特色，版式活而不散，以增加阅读兴趣。

（5）设计规格均为435mm（宽）×285mm（高），分辨率为300 dpi。

习题2.2 项目创意及制作

1. 素材资源

图片素材所在位置： 本书学习资源中的"Ch11/素材/制作儿童插画书籍封面/01~03"。

文字素材所在位置： 本书学习资源中的"Ch11/素材/制作儿童插画书籍封面/文字文档"。

2. 作品参考

设计作品参考效果所在位置： 本书学习资源中的"Ch11/效果/制作儿童插画书籍封面.ai"，效果如图11-248所示。

3. 制作要点

使用绘图工具和渐变工具绘制背景；使用文本工具、路径文字工具添加封面文字；使用直排文字工具添加书脊文字；使用绘图工具和路径查找器命令制作图形；使用剪切蒙版命令为图片添加蒙版效果。

图11-248

11.5.1 项目背景及要求

1. 客户名称

康奶益。

2. 客户需求

康奶益是一家以经营糕点甜品为主的食品公司。现要求制作一款针对新推出的红枣酪的外包装设计，红枣酪是老少皆宜的饮品，为本公司制作的新口味的红枣酪包装要求既要符合现代工艺，又要具有创新性。

3. 设计要求

（1）包装风格具有特色。

（2）字体要进行设计，配合整体的包装风格，使包装更具文化气息。

（3）简洁大气，图文搭配，编排合理，视觉效果强烈。

（4）以真实简洁的方式向观者传达信息内容。

（5）设计规格均为210mm（宽）×297mm（高），分辨率为300 dpi。

11.5.2 项目创意及制作

1. 设计素材

图片素材所在位置：本书学习资源中的"Ch11/素材/制作红枣酪包装/01"。

文字素材所在位置：本书学习资源中的"Ch11/素材/制作红枣酪包装/文字文档"。

2. 设计流程

设计作品参考效果所在位置：本书学习资源中的"Ch11/效果/制作红枣酪包装.ai"，效果如图11-249所示。

图11-249

3. 制作要点

使用矩形工具和钢笔工具绘制包装背景图；使用文字工具、创建轮廓命令和钢笔工具添加包装名称；使用椭圆工具、文字工具和字符面板添加介绍文字；使用椭圆工具、渐变工具、矩形工具和混合工具绘制包装盖；使用圆角矩形工具和钢笔工具绘制盒顶和侧面。

11.5.3 案例制作及步骤

1. 制作包装主体

（1）按Ctrl+N组合键新建一个文档，宽度为210mm，高度为297mm，取向为竖向，颜色模式为CMYK，单击"确定"按钮。选择"矩形"工具 ▣ ，绘制一个与页面大小相等的矩形，设置图形填充色的C、M、Y、K值分别为0、0、0、30，填充图形，并设置描边色为无，效果如图11-250所示。再绘制一个矩形，填充图形为白色，并设置描边色为无，效果如图11-251所示。

图11-250

图11-251

（2）选择"钢笔"工具 📝，在适当的位置绘制图形，设置图形填充色的C、M、Y、K值分别为80、100、65、55，填充图形，并设置描边色为无，效果如图11-252所示。按Ctrl+O组合键，打开本书学习资源中的"Ch11 > 素材 > 制作红枣酪包装 > 01"文件，选择"选择"工具 ，选取需要的图形，复制并将其粘贴到正在编辑的页面中，效果如图11-253所示。

图11-252　　　　　　图11-253

（3）选择"文字"工具 T，在页面中输入需要的文字，选择"选择"工具 ，在属性栏中选择合适的字体并设置文字大小，设置文字填充色的C、M、Y、K值分别为77、100、65、54，填充文字，效果如图11-254所示。选择"文字 > 创建轮廓"命令，将文字转换为轮廓，效果如图11-255所示。

图11-254　　　　　　图11-255

（4）选择"钢笔"工具 📝，在适当的位置分别绘制需要的图形，设置图形填充色的C、M、Y、K值分别为77、100、65、54，填充图形，并设置描边色为无，效果如图11-256所示。选择"选择"工具 ，将需要的图形同时选取，按Ctrl+G

组合键将其编组，效果如图11-257所示。

图11-256　　　　　　图11-257

（5）选择"文字"工具 T，在适当的位置输入需要的文字。选择"窗口 > 文字 > 字符"命令，在弹出的"字符"面板中进行设置，如图11-258所示，按Enter键确认操作，效果如图11-259所示。

图11-258　　　　　　图11-259

（6）选择"文字"工具 T，选取需要的文字，在"字符"面板中进行设置，如图11-260所示，按Enter键确认操作，效果如图11-261所示。保持文字的选取状态，设置图形填充色的C、M、Y、K值分别为13、94、22、0，填充文字，效果如图11-262所示。

图11-260

图11-261　　　　　　图11-262

（7）选择"椭圆"工具 ⬭，按住Shift键的同时，在适当的位置绘制圆形，设置图形填充色的C、M、Y、K值分别为35、60、80、25，填充图形，并设置描边色为无，效果如图11-263所示。选择"选择"工具 ，选取圆形，在按住Alt+Shift组合键的同时，拖曳图形到适当的位置，复制图形，效果如图11-264所示。连续按Ctrl+D组合键，复制多个图形，效果如图11-265所示。

图11-263　　　　图11-264　　　　图11-265

（8）选择"文字"工具 T，在适当的位置输入需要的文字，填充文字为白色。在"字符"面板中进行设置，如图11-266所示，按Enter键确认操作，效果如图11-267所示。

图11-266　　　　　　　图11-267

（9）选择"椭圆"工具 ◯，按住Shift键的同时，在适当的位置绘制圆形，设置图形描边色的C、M、Y、K值分别为0、35、85、0，填充描边，效果如图11-268所示。选择"窗口 > 描边"命令，在弹出的面板中进行设置，如图11-269所示，按Enter键确认操作，效果如图11-270所示。

图11-268

图11-269　　　　　　图11-270

（10）选择"椭圆"工具 ◯，按住Alt+Shift组合键的同时，以圆形的中心为圆心绘制圆形，设置图形描边色的C、M、Y、K值分别为0、35、85、0，填充描边，效果如图11-271所示。选择"钢笔"工具 ✐，在适当的位置绘制曲线，填充描边色为白色，效果如图11-272所示。

（11）选择"文字"工具 T，在曲线上单击插入光标，输入需要的文字，并将文字选取，在属性栏中选择合适的字体和文字大小，设置文字填充色的C、M、Y、K值分别为0、50、100、0，填充文字，效果如图11-273所示。

图11-271　　　　图11-272　　　　图11-273

（12）选择"文字"工具 T，在页面中输入需要的文字，选择"选择"工具 ▶，在属性栏中选择合适的字体并设置文字大小，设置文字填充色的C、M、Y、K值分别为0、0、100、0，填充文字，效果如图11-274所示。

（13）选择"星形"工具 ★，在适当的位置拖曳鼠标绘制星形，设置图形填充色的C、M、Y、K值分别为0、50、100、0，填充图形，并设置描边色为无，效果如图11-275所示。用相同的方法绘制其他星形，并填充相同的颜色，效果如图11-276所示。

图11-274　　　　图11-275　　　　图11-276

（14）选择"圆角矩形"工具 ▢，在页面中需要的位置单击，弹出"圆角矩形"对话框，设置如图11-277所示，单击"确定"按钮。设置图形填充色的C、M、Y、K值分别为25、40、65、0，填充图形，并设置描边色为无，效果如图11-278所示。

图11-277　　　　　　图11-278

（15）选择"文字"工具 T，在页面中输入需要的文字，选择"选择"工具 ▶，在属性栏中选择合适的字体并设置文字大小，填充文字为白色，效果如图11-279所示。选择"文字"工具 T，在页面中再次输入需要的文字，选择"选择"工具 ▶，在属性栏中选择合适的字体并设置文字大小，设置文字填充色的C、M、Y、K值分别为25、40、65、0，填充文字，效果如图11-280所示。

图11-279　　　　　　图11-280

（16）选择"钢笔"工具 ✍，在适当的位置绘制图形，设置图形填充色的C、M、Y、K值分别为0、95、20、0，填充图形，并设置描边色为无，效果如图11-281所示。用相同的方法再次绘制图形并填充相同的颜色，效果如图11-282所示。

图11-281　　　　　　图11-282

（17）选择"文字"工具 T，在标志右侧输入需要的文字，选择"选择"工具 ▶，在属性栏中选择合适的字体并设置文字大小，设置文字填充色的C、M、Y、K值分别为0、95、20、0，填充文字，效果如图11-283所示。将标志和文字同时选取，拖曳到适当的位置，效果如图11-284所示。

图11-283

图11-284

（18）选择"椭圆"工具 ●，按住Shift键的同时，在适当的位置绘制圆形，效果如图11-285所示。选择"文字"工具 T，在圆形中输入需要的文字，选择"选择"工具 ▶，在属性栏中选择合适的字体并设置文字大小，效果如图11-286所示。

图11-285　　　　　　图11-286

2．制作盖、侧面和阴影

（1）选择"矩形"工具 ■，绘制一个矩形，设置图形填充色的C、M、Y、K值分别为0、0、0、10，填充图形，并设置描边色为无，效果如图11-287所示。选择"直接选择"工具 ▷，分别选取需要的锚点，并拖曳到适当的位置，效果如图11-288所示。

图11-287　　　　　　图11-288

（2）选择"选择"工具 ▶，选取图形，连续按Ctrl+［组合键将图形后移，效果如图11-289所示。选择"矩形"工具 ■，绘制一个矩形，如图11-290所示。选择"椭圆"工具 ●，在适当的位置绘制一个椭圆形，如图11-291所示。选择"选择"工具 ▶，将两个图形同时选取，如图11-292所示。

图11-289　　　　　　图11-290

图11-291　　　　　　　　图11-292

（3）选择"窗口＞路径查找器"命令，在弹出的面板中单击需要的按钮，如图11-293所示，效果如图11-294所示。

图11-293　　　　　　　　图11-294

（4）保持图形的选取状态。设置图形填充色的C、M、Y、K值分别为0、95、20、0，填充图形，并设置描边色为无，效果如图11-295所示。选择"矩形"工具，绘制一个矩形，设置图形填充色的C、M、Y、K值分别为50、100、0、0，填充图形，并设置描边色为无，效果如图11-296所示。选择"选择"工具，将矩形选取，按住Alt键的同时，向右拖曳图形到适当的位置复制图形，效果如图11-297所示。

图11-295

图11-296　　　　　　　　图11-297

（5）保持图形的选取状态。设置图形填充色的C、M、Y、K值分别为0、95、20、0，填充图形，并设置描边色为无，效果如图11-298所示。双击"混合"工具，在弹出的"混合选项"对话框中进行设置，如图11-299所示。单

图11-298

击"确定"按钮，分别在两个图形上单击鼠标，图形混合后的效果如图11-300所示。

图11-299　　　　　　　　图11-300

（6）选择"选择"工具，将混合图形选取，按住Alt键的同时，向右拖曳图形到适当的位置复制图形，效果如图11-301所示。选择"镜像"工具，在按住Shift键的同时，拖曳鼠标镜像图形，效果如图11-302所示。

图11-301　　　　　　　　图11-302

（7）选择"选择"工具，选取需要的图形，按Ctrl+C组合键复制图形，按Ctrl+F组合键原位粘贴图形。连续按Ctrl+] 组合键，前移图形，效果如图11-303所示。将图形和混合图形同时选取，按Ctrl+7组合键创建剪切蒙版，效果如图11-304所示。

图11-303　　　　　　　　图11-304

（8）选择"椭圆"工具，在适当的位置绘制一个椭圆形。双击"渐变"工具，弹出"渐变"控制面板，在色带上设置3个渐变滑块，分别将渐变滑块的位置设为0、55、100，并设置C、M、Y、K的值分别为0（0、100、0、0）、55（0、55、0、0）、100（0、100、0、0），其他选项的设置如图11-305所示，图形被填充为渐

变色，并设置描边色为无，效果如图11-306所示。

图11-305　　　　　图11-306

（9）选择"椭圆"工具◎，在适当的位置绘制一个椭圆形，填充为白色，并设置描边色为无。选择"选择"工具▶，拖曳右上角的控制手柄旋转到适当的角度，效果如图11-307所示。选择"窗口 > 透明度"命令，在弹出的面板中进行设置，如图11-308所示，效果如图11-309所示。连续按Ctrl+ [组合键后移图形，效果如图11-310所示。

图11-307　　　　　图11-308

图11-309　　　　　图11-310

（10）选择"圆角矩形"工具◎，在页面中需要的位置单击，弹出"圆角矩形"对话框，设置如图11-311所示，单击"确定"按钮。填充图形为白色，并设置描边色为无，效果如图11-312所示。

图11-311　　　　　图11-312

（11）选择"选择"工具▶，选取图形，连续按Ctrl+ [组合键后移图形，效果如图11-313所

示。选择"圆角矩形"工具◎，在适当的位置绘制图形，设置图形填充色的C、M、Y、K值分别为0、0、0、30，填充图形，并设置描边色为无，效果如图11-314所示。

图11-313　　　　　图11-314

（12）选择"钢笔"工具✎，在适当的位置绘制图形，设置图形填充色的C、M、Y、K值分别为0、0、0、50，填充图形，并设置描边色为无，效果如图11-315所示。用相同的方法再绘制一个图形，设置图形填充色的C、M、Y、K值分别为13、94、22、0，填充图形，并设置描边色为无，效果如图11-316所示。

图11-315　　　　　图11-316

（13）选择"椭圆"工具◎，在适当的位置绘制椭圆形，设置图形填充色的C、M、Y、K值分别为0、0、0、50，填充图形，并设置描边色为无，效果如图11-317所示。选择"选择"工具▶，选取椭圆形，连续按Ctrl+ [组合键后移图形，效果如图11-318所示。红枣酪包装制作完成。

图11-317　　　　　图11-318

课堂练习1——制作化妆品包装

练习1.1 项目背景及要求

1. 客户名称

泊晒雅。

2. 客户需求

泊晒雅是一家专门经营高档女性化妆品的公司。公司近期推出新款护手霜（针对少女肤质研发而成），现进行促销活动，需要制作一款包装。包装要求符合公司形象，并且要迎合消费者的喜好。

3. 设计要求

（1）包装以清新舒适的黄、蓝、绿色搭配，体现出产品的种类和特点。

（2）字体要简洁大气，配合整体的包装风格，让人印象深刻。

（3）图文搭配编排合理，视觉效果强烈。

（4）以真实、简洁的方式向观者传达信息内容。

（5）设计规格均为297mm（宽）×210mm（高），分辨率为300 dpi。

练习1.2 项目创意及制作

1. 素材资源

文字素材所在位置：本书学习资源中的"Ch11/素材/制作化妆品包装/文字文档"。

2. 作品参考

设计作品参考效果所在位置：本书学习资源中的"Ch11/效果/制作化妆品包装.ai"，效果如图11-319所示。

3. 制作要点

使用矩形工具、旋转命令和创建剪切蒙版命令制作背景效果；使用矩形工具、直接选取工具、渐变工具和钢笔工具绘制包装主体；使用文字工具、椭圆工具和直线段工具添加化妆品信息；使用编组命令和投影命令制作包装投影。

图11-319

课堂练习2——制作咖啡包装

练习2.1　项目背景及要求

1. 客户名称

小林咖啡。

2. 客户需求

小林咖啡是一家经营各类咖啡和甜品的食品公司，现要求制作一款针对新推出的咖啡的外包装。设计要求传达出新款咖啡轻量、细腻的特点，并且包装画面要简洁大气，能够快速地吸引消费者的注意。

3. 设计要求

（1）包装使用环保纸设计，提倡环保、便捷的特色。

（2）字体简洁直观，配合整体的设计风格。

（3）设计要清新大气，给人舒适感。

（4）以真实、简洁的方式向观者传达信息内容。

（5）设计规格均为210mm（宽）×297mm（高），分辨率为300 dpi。

练习2.2　项目创意及制作

1. 素材资源

图片素材所在位置： 本书学习资源中的"Ch11/素材/制作咖啡包装/01"。

文字素材所在位置： 本书学习资源中的"Ch11/素材/制作咖啡包装/文字文档"。

2. 作品参考

设计作品参考效果所在位置： 本书学习资源中的"Ch11/效果/制作咖啡包装.ai"，效果如图11-320所示。

3. 制作要点

使用星形工具、圆角命令和钢笔工具制作咖啡标志；使用文字工具添加标志文字；使用矩形工具、倾斜工具制作咖啡包装。

图11-320

习题1.1　项目背景及要求

1. 客户名称

艾力旺斯。

2. 客户需求

艾力旺斯是一家专做手工香皂的店面。手工香皂因含有大量的甘油，不仅有很好的保湿效果，而且对肌肤非常温和。同时，手工香皂还有利于环保。现针对新推出的柠檬清香型香皂进行外包装设计，要求既要展示出传统特色，又要体现出产品的特性和卖点。

3. 设计要求

（1）包装使用黄色，体现出柠檬型特点。

（2）文字的设计与图形融为一体，增添设计感和创造性。

（3）添加装饰图案和花纹与宣传的主题相呼应，增添氛围。

（4）整体设计要简洁华丽，宣传性强。

（5）设计规格均为210mm（宽）×240mm（高），分辨率为300 dpi。

习题1.2　项目创意及制作

1. 素材资源

图片素材所在位置：本书学习资源中的"Ch11/素材/制作香皂包装/01"。

文字素材所在位置：本书学习资源中的"Ch11/素材/制作香皂包装/文字文档"。

2. 作品参考

设计作品参考效果所在位置：本书学习资源中的"Ch11/效果/制作香皂包装.ai"，效果如图11-321所示。

3. 制作要点

使用矩形工具、直接选择工具和投影命令制作包装盒；使用钢笔工具、文字工具和字符面板制作标题文字；使用置入命令置入素材文件。

图11-321

课后习题2——制作口香糖包装

习题2.1　项目背景及要求

1. 客户名称

Chewing糖果。

2. 客户需求

Chewing糖果是一家从事各类糖果、口香糖生产和加工的糖果公司。现要求制作一款针对新推出的口香糖的外包装。口香糖是许多人的必备品，设计要求除了体现出口香糖的口味外，还要达到推销产品和刺激消费者购买的目的。

3. 设计要求

（1）包装风格要生动形象地展示出宣传主体，体现出休闲、舒适的氛围。

（2）颜色的运用要对比强烈，能让人眼前一亮，增强视觉感。

（3）图形与文字的处理能体现出食品特色。

（4）整体设计要简单大方、清爽明快，易使人产生购买欲望。

（5）设计规格均为210mm（宽）×297mm（高），分辨率为300 dpi。

习题2.2　项目创意及制作

1. 素材资源

图片素材所在位置：本书学习资源中的"Ch11/素材/制作口香糖包装/01"。

文字素材所在位置：本书学习资源中的"Ch11/素材/制作口香糖包装/文字文档"。

2. 作品参考

设计作品参考效果所在位置：本书学习资源中的"Ch11/效果/制作口香糖包装.ai"，效果如图11-322所示。

3. 制作要点

使用圆角矩形工具和颗粒风格化效果制作底图；使用圆角矩形工具、矩形工具、路径查找器面板和投影命令绘制牙齿；使用钢笔工具和高斯模糊效果命令绘制嘴唇和胡子；使用文字工具、字符面板和旋转工具添加介绍性文字。

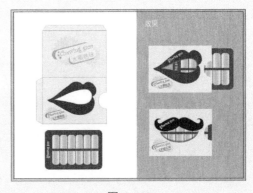

图11-322